U0249852

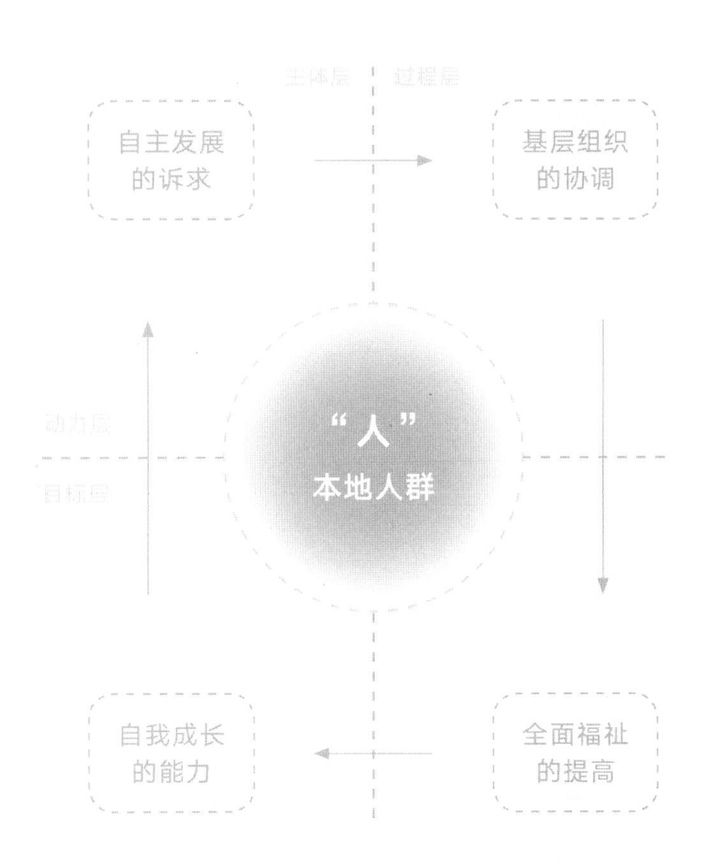
主体层
过程层
自主发展
的诉求
基层组织
的协调
动力层
目标层
“人”
本地人群
自我成长
的能力
全面福祉
的提高

内生发展视角的乡村规划理论与实践

乔鑫　李京生　著

中国建筑工业出版社

前 言

没有农业农村现代化，就没有整个国家的现代化。基于我国特有的城乡关系，我国人民日益增长的美好生活需要和不平衡、不充分的发展之间的矛盾在乡村最为突出。在实现脱贫攻坚的全面胜利后，如何在 2035 年取得乡村振兴的决定性进展，基本实现农业农村现代化，是“关系全面建设社会主义现代化国家的全局性、历史性任务”。

乡村问题庞杂、繁复，社会学、人类学、经济学、历史学、生态学等不同的学科都在乡村领域进行着不断地研究与探索，城乡规划学科迫切需要发挥自身的学科优势，为综合性地理解与改善乡村人居环境进行探索。

历史发展过程中，自上而下、政府主导的外生发展模式，在促进我国乡村地区经济增长和财政收入提高、改善贫困人口生活状况等方面取得了显著的效果。但随着社会经济的不断发展，相关研究认识到仅仅依靠外部力量推动的发展战略，会衍生出诸如地区发展主体性的丧失、掠夺性的经济增长、不可持续性与贫困循环、忽视非经济因素的破坏式发展等诸多问题。

与此同时，关于我国乡村地区是否能够实现内生发展仍然是学界争论的重点内容之一。分析这种争论产生的原因，可以初步归结为两点：一是对于内生发展的认知尚未实现语境的统一；二是国内现有研究大多数以个案研究的形式进行，这类研究有助于在具体的乡村社区得到深入的剖析结论，但由于我国乡村地区地域跨度大、社会发展水平差距大等客观因素的限制，造成了研究结论的差异性。本书针对这一问题，以理论研究作为研究方法，从总体层面对内生发展的乡村规划进行研究，并结合实践提出了理论方法的实施途径。

本书分为理论篇与实践篇两个部分，分别从认识论和方法论的角度展开。

理论篇以文献研究为主要方法。首先对内生发展理论的产生背景、阶段划分、主要观点进行综述与归纳，并将乡村内生、外生发展模式进行对比。本书认为外生模式体现为单向线性特征，而“自主发展的诉求、基层组织的协调、全面福祉的提高、自我成长的能力”

四项特征构成了乡村内生发展模式循环上升的体系与结构。其次，对乡村规划理论及我国近现代乡村规划实践进行全面梳理，总结并提炼我国乡村规划理论与实践发展进程中内生发展特征的体现。最后提出需要从三个方面考虑我国乡村规划实践与内生发展的结合，分别是：从实现外部需求转变为激发与尊重内生发展意愿；从自上而下的推进转变为自下而上的协调；从目标导向型的综合规划转变为问题导向型的社区规划。

实践篇详细展开五个典型案例从规划到实施效果的论述，案例力求覆盖中西部不同发展阶段、面临问题和代表性的规划模式。每个案例的分析不求全面，只针对某一方面具有典型意义的部分进行展开。其中：

山西省长门村案例聚焦于扶贫规划怎么做。通过陪伴式设计让村民认识自身价值，在此基础上的产业支撑及经济活动是促进社会发展和完善的一种手段。在规划实施方面强调村民互助自建，是从居住空间改善作起的循序渐进的过程。

浙江省棠溪村是东部发达地区且具有悠久历史的村庄，具有相对健康的经济社会发展基础条件。在产业转型的过程中，规划成为提升社区动力的平台，并注重乡村网络力量的培育。

北京市九渡村是我国最早发展乡村旅游的典型村庄，在约 30 年的乡村旅游发展过程中，乡村在地性要素受到外生要素的影响与冲击，规划致力于讨论多层次的协调策略。

北京市高庄村案例是回应乡村建设行动新要求的规划实践，规划的最终目标是“为人的乡村”，以乡村规划的编制和实施为契机，搭建推动乡村人才振兴的平台。

廿舍度假村案例与前四个案例不同，是规划师作为项目主体参与到乡村振兴实践一线的一个案例。廿舍尝试建设城乡互动交流的纽带，助力乡村实践，从而带动周边乡村社区的整体振兴。

目录

理论篇

第 1 章　引言

实践篇

理论篇

第 1 章　引言

1.1　研究背景与问题

1.1.1　研究目的

世界各国在推动工业化和现代化的进程中形成了外生发展（Exogenous development）和内生发展（Endogenous development）两种不同的路径，也经常被称作外源性发展、外生式发展，内源性发展、内生式发展。[1]

本书从产生背景、发展阶段两方面总结内生发展理论的核心观点，对内生发展理论运用于乡村地区的理论与实践研究进展进行综述，并在与外生发展模式进行比较分析的基础上，归纳内生发展模式的内容与特征。

在此基础上，结合对乡村规划理论与实践的剖析以及我国乡村规划编制与管理体系的现状情况，提出我国乡村规划运用内生发展理论的具体方法，并以案例运用效果追踪的方式，初步论证内生发展理论在我国乡村规划中运用的可行性与效果。

1.1.2　研究内容

首先，对国内外内生发展理论研究进行综述。在与外生发展要素进行比较的基础上，总结乡村内生发展模式的核心要素构成及其结构特征。内生发展理论起源于社会学，之后形成了涉及社会学、国际关系学、环境与区域经济学、人力资源管理、民俗学等多个学科范畴的理论体系。其运用于乡村地区，主要是针对外生发展模式的失效与问题而产生的，并逐渐在国际范围内成为乡村发展的“新契约”。我国乡村内生发展研究主要集中在内生发展动力与机制两个重点领域。

其次，对乡村规划理论与实践的流变进行剖析总结。理论方面，总结在乡村规划基本理论（包括田园郊区运动与乡村设计）以及多学科拓展的过程中（包括地理学、经济学、社会学、生态学对乡村规划的影响）内生发展特征的体现形式；实践方面，对我国近现代乡村规划实践进行剖析，外生发展特征的乡村规划是我国乡村规划实践的主流，主要表现为：规划的诉求产生于乡村社区之外、规划的推动力来自于政府自上而下的政策力、规划编制内容主要是为了实现国家的乡村发展目标。

结合前两点的研究内容，提出内生发展与我国乡村规划实践结合的重点内容，包括从实现外部需求转变为激发与尊重内生发展意愿，从自上而下的推进转变为自下而上的协调，从目标导向型的综合规划转变为问题导向型的社区规划。并以五个不同类型的乡村规划实践为例，研究运用内生发展理论的乡村规划策略及其初步的实施效果。

1.1.3 研究方法与技术路线

根据研究目的与内容，研究技术路线分为基础研究与应用研究两个层面。

理论部分采用文献研究的方式，属于基础研究。通过对内生发展理论的产生背景、发展阶段与内容以及国内研究进展的综述，在与外生发展模式比较的基础上归纳内生发展要素的构成及特征，在此基础上，以内生发展特征为切入点分析近现代乡村规划理论与实践的历史流变特征。

应用研究部分，在我国乡村规划编制与管理体系分析的基础上，提出运用内生发展理论的具体途径，并以具体实践为案例，分析规划策略的可行性与实施效果，最终支撑研究结论（图 1-1）。

1.2 外生发展模式的作用及问题

1.2.1 外生发展模式的作用

如果一个经济体的发展动力源（资金、管理、技术、设备以及市场等因素）主要来自外部，根据比较利益的原则参与国际分工与竞争，则由此产生的经济运行的结构、机制与体系可以称之为外源性经济。

在“二战”后世界各国的经济重建过程中以及之后发展中国家经济追赶的进程中，外生发展模式曾经一度是世界各国在经济增长、区域发展战略、乡村地区扶贫等方面的主导型策略。其优点在于：①资源配置的空间大，迅速增加就业与提高要素利用率；②有利于提高劳动生产率和技术发展水平；③有助于欠发达地区实现追赶型目标。

这种曾一度主导众多发展中国家的开发模式，其发展特色是持续的现代化与工业化，并以追求经济增长为目标。为了达到乡村地区经济增长的目标，可采取如下做法：①吸引产业进入乡村，主要手段有财政诱因（如租税减免、低息贷款等）、基础设施（如道路、机场以及排水、灌溉、通信设施等）的改善等，借以提升乡村的就业机会及促进乡

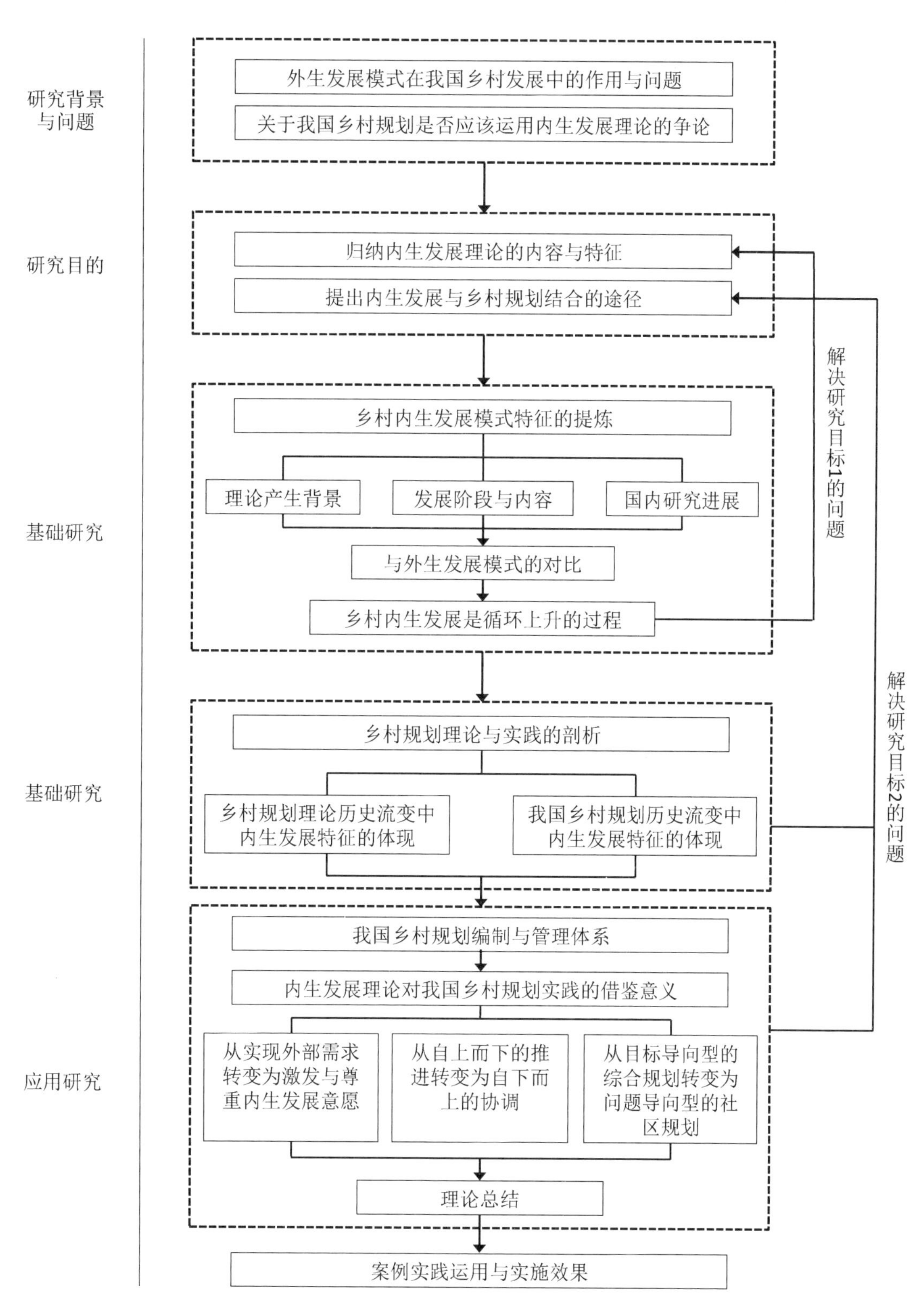

研究背景与问题
外生发展模式在我国乡村发展中的作用与问题
关于我国乡村规划是否应该运用内生发展理论的争论
研究目的
归纳内生发展理论的内容与特征
提出内生发展与乡村规划结合的途径
解决研究目标1的问题
基础研究
乡村内生发展模式特征的提炼
理论产生背景
发展阶段与内容
国内研究进展
与外生发展模式的对比
乡村内生发展是循环上升的过程
解决研究目标2的问题
基础研究
乡村规划理论与实践的剖析
乡村规划理论历史流变中内生发展特征的体现
我国乡村规划历史流变中内生发展特征的体现
应用研究
我国乡村规划编制与管理体系
内生发展理论对我国乡村规划实践的借鉴意义
从实现外部需求转变为激发与尊重内生发展意愿
从自上而下的推进转变为自下而上的协调
从目标导向型的综合规划转变为问题导向型的社区规划
理论总结
案例实践运用与实施效果

图 1-1 研究框架

村经济活动；②改善乡村结构，包括土地改革及农地重划等，由上而下地对土地产权进行重分配或土地改良，以稳定农村和提高土地的生产力；③引进新生产技术，以提高农业的生产效率，例如新品种及化学肥料的使用、农民之再教育乃至生物科技的应用等。[2]

中华人民共和国成立后，国家实行了一系列自上而下、政府主导的援助政策，力图通过外生发展模式实现乡村地区经济增长，改善贫困人口的生活状况。这些乡村发展政策取得了显著的效果，使我国乡村发展水平得到了根本性的改善与提高。

1949 年，我国农村居民人均收入只有 44 元，2016 年达到 12363 元。1978 年改革开放与农村改革前，农村贫困人口为 2.5 亿人，占农村人口总数的 30% 左右，截至 2017 年末，全国农村贫困人口减少至 3046 万人，贫困率下降至 3.1%。与此同时，贫困地区农村居民收入加快增长。全国农村贫困监测调查显示，2017 年，贫困地区农村居民人均可支配收入为 9377 元，按可比口径计算，比上年增加 894 元，名义增长 10.5%，扣除价格因素，实际增长 9.1%，实际增速比上年快 0.7 个百分点，比全国农村平均水平高 1.8 个百分点①。

1.2.2 对外生发展模式的反思

外生发展模式在战后被普遍应用于各国（包括发达国家与发展中国家）的发展之中，并在提高农业生产力、保障国家总体经济增长、后发地区发展等方面形成了一定的效果。其同样对我国乡村发展产生了非常重要的、积极的促进作用。

但随着社会经济的不断发展，一些外生发展模式所衍生的问题逐渐成为社会各界关注的重点。外生发展模式到 20 世纪 60 年代后期开始受到普遍的质疑，越来越多的相关研究认识到：仅仅依靠简单的外部力量推动的发展战略会衍生出如下四个方面的主要问题，带来了对单一外生发展模式可持续性的反思。

1. 地区发展主体性的丧失

由于外生发展主体是企业或政府，农村、农业、农民成为实际过程中的被动接受者与被支配要素，乡村社区的自身造血能力及发展主动权丧失，成为外生发展过程中的附属性要素。

---

① 数据来自 2018 年 2 月 1 日网络新闻《2017 年末我国农村贫困人口减少到 3046 万人》（新华网），网址：http://news.sina.com.cn/o/2018-02-01/doc-ifyreuzn1330430.shtml.

全球工业化和城市化使得大城市的经济和生活迅速改善，人口及资本规模日益扩大。但是，随之而来的却是中小城市和农村区域的发展迟缓和日益贫困。外生发展战略主张扶贫的目标是乡村地区的经济增长，使乡村从“边缘化”“次要化”的命运回归“现代化的主流”。[3]

以农业发展为例，在外生模式下，推动农业发展的主体动力主要来自政府或非本地的企业，农民是被动的接受者，技术、市场、结构调整、产品供应甚至农民自身往往被动地成为企业或政府的支配要素。这种模式的主要缺陷是会在一定程度上阻碍本地经济的发展，扼杀自身造血能力，丧失发展的主动权。地方发展的真正主体成为外生发展过程中的附属性要素。[4]

2. 掠夺性的经济增长

由于发展过程中主体性的丧失，带来的是掠夺性的经济增长方式。

首先，外生发展战略的核心目标是经济增长，但由于外源性经济组成成分的流动性强，产业转移频度高，造成了发展的不稳定性与非本地性，就农民本体而言的相对利益降低，导致城乡收入水平的拉大。[5]

其次，由于农业利润的分配权掌握在外部利益主体手中，虽然外源性发展能够带来农业生产率的提高及地区整体利益的增长，但就农民本身而言，相对利益明显降低，农业收益大部分外流，形成了对农民收益实质性上的盘剥。[4]

黄建忠以苏州、温州、泉州、东莞的区域经济模式为研究对象，根据对历史经济产业发展指标的分析，得出结论：以苏州为代表的外源性经济模式，借助于引入外资所带来的先进技术、设备和人才优势，能够在短期内更快速地优化产业结构，形成具有竞争力的主导产业。同时，外源性经济在体现区域经济发展水平的指标上要明显高于内源性经济，尤其是对创造当地 GDP 和工业产值方面具有巨大作用。[5]

但是，在关乎区域居民实际富裕程度的相关指标上，外源性经济并没有带来同比例的提高，在城乡居民储蓄余额和城市居民人均收入水平方面，苏州甚至比温州还低，农村居民人均收入也仅比温州高一点，说明在外源性经济中，经济利润的大部分被外资企业拿走，有别于内源性经济“藏富于民”的特征。

3. 发展的不可持续性与贫困循环

外生发展模式建立在对资金与政策的争夺之上，但从国家宏观角度看，这只是一种“零和博弈”，即资金与政策的外部支持是有限的，地方社区为争取支持往往采用重视短期收益的吸引政策，却会带来长期的成本，造成这种模式的不可持续性。

弗里德曼（John Friedmann）曾以“城市营销”为对象，批判外生发展模式的不可持续性。该模式的特点主要表现为急于增加竞争力，城市政策制定者往往选择将吸引全球游资作为竞争的出发点，城市发展的未来建立在对外来资金的竞争上。弗里德曼认为这种模式实质上只是一种“无情的零和博弈”，原因在于资金供应是有限的，这个城市争取到，就意味着另一个城市没有争取到。而城市为了争取资金所采取的多种策略，如低工资、顺从的劳动力、地方政府的灵活与让步、税务减免、土地无代价供给、各类公共补贴等，只会带来少量的短期物质收益和大量的长期成本，产生社会与环境利益的牺牲，最终，这种模式实现可持续发展的前景是非常渺茫的。[6]

中华人民共和国成立后，我国实行了一系列自上而下、政府主导的援助政策，力图通过外部援助实现后发地区的经济增长和财政收入提高，改善贫困人口的生活状况。20 世纪 80 年代至 21 世纪前十年，我国政府在农村实施了大规模的扶贫开发工程，但在取得了有目共睹的成就的同时，部分研究关注到，在以外生发展模式为主导的阶段，在一定时期农村贫困人口依然保持相对稳定的状态，西部的贫困人口甚至曾出现反弹趋势①。这表明“技术—现代化”理念主导下的外源性发展模式在农村反贫困实践中会呈现出效益递减的趋势。[7]

事实证明，简单地依靠外部力量推动发展的战略无法持续性地有效解决问题，还有可能衍生出“一年脱贫，二年返贫”的循环怪圈。[3] 这一问题也需要在脱贫攻坚战取得全面胜利后进行有针对性的规避与解决。

4. 忽视非经济因素的破坏式发展

一味追求经济增长的乡村发展方式被认为过度简化了乡村结构的多样性， 并且忽略了社会公平、生活质量、生态保育与文化保存等非经济因素的重要性。

农村外源式发展模式在“二战”后欧洲一直占主导地位。该模式以工业化作为中心模型，认为农村地区的主要功能是为城市提供粮食，以规模经济和集约化作为基本原则。到 20 世纪 70 年代，这种模式被批判为一种孤立的、扭曲的发展，因为它忽视了农村发展中的非经济部分，只会导致特殊而单一的商业种类增多，而使其他方面发展滞后。同时，由于农村地区文化和环境的差异，被认为是一种破坏性发展模式。[8]

---

① 数据显示，2001-2009 年，西部地区贫困人口占该地区总人口比重从 61% 增长到 66%，民族地区八个省份这一比例从 34% 增长到 40%。

以环境问题为例，彭水军等从经济发展模型的角度进行推演，构建了三个带有环境污染约束的经济增长模型，认为在完全依赖资本—劳动比的模型中，经济增长是不可持续的。因为一旦产出增加，最优的污染强度会降低，降低污染强度的成本意味着资本的社会边际产出减少。这样的话，就长期而言，最终资本的社会边际产出将低于时间偏好率，因而最优的选择就是停止增长。[9]

在澳大利亚的乡村资源调查中，也同样体现了这种破坏式发展的特征。在 20 世纪以前，政府通过多种方式扩大与强化农业资源的利用，用以提高产量，同时，国家主导基础设施开发，乡村地区的高生产率确实支持了国家的经济增长。但到 20 世纪 30 年代，由于高强度的农业开发，开始出现明显的环境退化问题，即使之后政府通过设置研究机构、提供咨询服务等方式试图解决，但都没有根本性的转变，到 20 世纪 70 年代左右，还造成了更加严重的土地退化、乡村贫困等问题，出现“乡村危机”。[10]

1.2.3 我国乡村内生发展动力的丧失

随着我国城镇化的推进，城乡差别、工农差别的扩大，大量农民开始离开世代耕作的土地，去往城镇从事第二、三产业劳动。其中，一部分农民脱离乡村，举家迁移到中心城市或是附近城镇工作和生活，成为城镇人口。在这些有能力率先转移出去的农村人口中，能够在城镇中定居生活下来的往往是有一定技术和专长的人，很大一部分是农业科技人员，具有较高的文化素质，能较快地接受新的生活。这些有文化、头脑灵活、懂技术、会管理的乡镇企业经营者、个体工商户和外出打工群体流向城市，对农村劳动力整体素质的提高非常不利。

我国农业属于劳动密集型农业，劳动力大量流失后土地无人耕作，农业技术和资本的投入几乎没有，再加上生产成本高于收入，种地很难致富，土地荒芜司空见惯，农业生产萧条。虽然剩余劳动力通过市场机制有效配置到城镇，但这种流动对农村经济会产生极为不利的影响。农业发展受到冲击，农业生产丧失了最重要的劳动力和有技术、有经营能力的人，这对于农业生产和农村现代化建设产生了严重影响。

人口流失带来的直接问题就是旧村衰败，土地抛荒，出现空心村。同时，农民在外务工会有一部分收入返回乡村，大量的村庄开始呈摊大饼状向旧村四周扩张蔓延，造成“新村蔓延，旧村空心”的现象。另外，人口流失导致组织乡村管理和公共服务的人缺失，乡村公共生活逐渐消退。

由此，乡村社区的乡土文化遗产将面临灭顶之灾，草根社会结构和信仰体系被破坏。由于忽略了对村庄的环境价值、历史文化价值、建筑美学价值等多方面的考虑，而逐渐造成了乡土风貌的丧失。中国几千年来适应自然环境而形成的乡土遗产、乡土村落将成为历史，文化认同将随之丧失。

1.3 以人为本的发展观的确立

国际上关于“发展”的思想演变经历了经济增长观、现代化发展观、综合发展观和以人为中心的可持续发展观四个阶段。[11]

1.3.1 经济增长观

早期西方经济学将增长（growth）与发展（development）的概念混用，认为只要经济增长了，社会发展自然在其中。对发展中国家经济的研究也是在这种观点下进行的。他们认为落后的根源在于经济总量不够强大，所以解决问题的关键在于经济总量的做大。但是，到 20 世纪 60 年代后，在一些发展中国家出现了没有发展的经济增长的现实问题，使经济学家认识到虽然经济发展必须以经济增长为前提，但经济增长并不必然包含着经济发展。[12]

这一时期主要以哈罗德、罗斯托等为代表，从西方发达国家的角度出发，以西方发达国家的发展模式来分析发展中国家贫穷落后的原因，从促进其经济增长的角度来解决发展中国家所面临的发展问题。

1.3.2 现代化发展观

以帕森斯、普雷维什、佩鲁、弗兰克、沃勒斯坦的理论为代表的现代化理论试图克服片面的经济增长观，力图从社会和政治的角度探讨发展中国家落后的原因和发展道路，先后提出了结构主义理论、依附理论、世界体系理论。但这一时期的理论依然主要是以西方发达国家的发展为模板。

帕森斯结构功能主义理论指出，社会发展是从传统社会向现代社会的变迁过程，社会变迁主要依赖于人们的价值观、态度和规范。发展中国家不发达是由于其社会结构和文化传统阻碍了现代化的社会发展进程，因此，只有效仿西方发达国家现代化进程中所确立的价值观念、创业精神和合理化意识，才能使其走上现代化的社会发展之路。

普雷维什依附理论从国际关系格局和国内社会经济结构的角度分析发展中国家的发展问题，认为第三世界国家的贫困不是其自身原因所致，而是其“依附性”所导致的，只有摆脱依附地位，发展中国家才能实现发展的目标。

沃勒斯坦世界体系理论补充和完善了依附理论，从世界体系的整体动态的角度来分析社会发展和寻求世界发展的整体规律。

之后又出现了贫困恶性循环理论、区域循环积累理论、迟发展效应等观点。

纳克斯的贫困恶性循环理论认为：不发达经济中存在着各种贫困和恶性循环，贫穷是不发达的一个重要原因，但贫穷的自我维持和循环式不发达是一个更加重要的原因。

缪尔达尔的区域循环积累理论认为：发达地区通过一系列反馈机制产生自我积累的因果循环，强化自己的竞争地位，并促使各种要素由于收益差异的吸引而由不发达地区向发达地区流动，导致落后地区更落后。

格森科的迟发展效应理论认为：相对于发展区域，迟发展区域的初始发展条件是大不相同的，包括区域分工、市场、资本积累、示范效应等。由于迟发展效应，两者谈不上平等竞争的发展机会，从而对不发达地区的经济起飞构成很多障碍。

1.3.3 综合发展观

与现代化发展观对后发地区发展能力的质疑不同，随着社会经济发展的进步，开始出现综合发展观，主要表现在两个方面：一是重视后发地区的发展潜力，将后发作为一种发展的潜力与动能；二是主张以多方面、多目标、多因素的综合发展作为评价的考虑因素。

经济史学家格申克龙的“落后者的优势”指出：落后本身就是一种巨大的潜在优势，它在一定条件下能化压力为动力，化动力为现实竞争力，推动经济迅猛发展。

托达罗认为：应该把发展看作包括整个经济和社会体制的重组和重整在内的多维过程。除了收入和产量的提高外，发展显然还包括制度、社会和管理结构的基本变化以及人的态度，在许多情况下甚至还有人民习惯和信仰的变化。

佩鲁从“人”的角度确立了发展研究的视野，强调发展是整体、综合和内生的概念，认为发展是经济与社会发展的总和。发展应该是一个全面的范畴，既包括经济增长，还包括社会、政治、文化、科技、生态和人自身等多方面的发展。发展不仅涵盖人的物质生活和精神生活，还应该包括民主政治参与、社会参与、社会公平、社会保障、卫生保健、生态保护等方面。

1.3.4 以人为中心的可持续发展观

联合国开发计划署在 1994 年《人类发展报告》中指出："人类带着潜在的能力来到这个世界上，发展的目的就在于创造出一种环境，在这一环境中，所有人都能施展他们的能力，不仅为这一代，而且能为下一代提供发展机会。"

1995 年在哥本哈根召开的社会发展问题世界首脑会议就消除贫困、增加就业、社会和谐等主题展开讨论，认为社会发展要以人为中心，社会发展的最终目标是改善和提高全体人民的生活质量。

罗斯林（Hans Rosling）提出的"发展的维度"（The dimensions of development）[①]，是以人为中心的发展观的集中体现。他认为对于全体人类，特别是致力于脱贫致富的人们来说，人权、环境、管治、经济增长、教育、健康、文化等，这些因素都是发展的维度，但是需要区别哪些是发展的目标而哪些只是发展的途径（表 1–1）。

发展的维度　　表 1-1

	途径（Means）	目标（Goal）
人权（human rights）	+	+++
环境（environment）	+	++
管治（governance）	++	+
经济增长（economic growth）	+++	0
教育（education）	++	+
健康（health）	+	++
文化（culture）	+	+++

资料来源：作者根据优酷网站"TED 演讲集"整理。
注：0 代表毫无重要性。

在发展途径方面，他认为："对于我这样一个公共卫生教授来说，经济的发展是一切的根本，因为经济是生存的基础；其次是政府职能，而政府职能是有效司法体系的基础；再然后是教育，人力资源非常重要；健康也很重要，但不是发展必需的方法；环境也比较重要；还有人权，但作为发展的方法，其分量不重。"

而从发展目标来看，"肯定不是金钱，经济发展是最好的发展途径，但不是发

① 罗斯林是瑞典卡罗琳学院（瑞典语：Karolinska Institutet）国际卫生学教授，从事疾病、贫穷和饥饿方面的研究达 30 年之久，他于 2007 年在 TED 演讲中提出"发展的维度"的观点可以用来直观地了解发展观的转变以及以人为核心的发展观对发展问题的理解。

展的目标；也许有政府职能，能参加选举固然不错，但这不足以成为发展的目标；接受教育也不是目标，而是发展的途径；健康得 2 分，因为健康的身体很重要；环境也非常重要，如果现在不保护环境，我们的子孙将一无所有；那什么是最重要的发展目标呢？当然是人权了。人权是发展的核心目标，尽管这不是发展的必需途径；还有文化，我想把文化放在最重要的位置，因为文化给我们的生活带来欢乐，给生活赋予了意义。”

关于解决贫困问题的方法，他通过一张非洲妇女的照片表达他的观点（图 1–2）：①解决贫困问题最终还是需要依靠市场；②要给予人们教育，这样，至少会数学，卖东西的时候才会算账；③要给予人们医疗，这样，她的孩子才能健康，她就能够有精力来谋求发展；④要给予人们基础设施，如图中的道路，这样，她才能够有参与市场的途径；⑤要给予贫困人口适当的信贷，让她能够购买必需的工具，如图中的自行车；⑥要给予他们信息，这样，她才能够知道在哪里可以交换她所生产的产品，从而获得经济收入。

通常的发展理论，尤其是在城市，强调利用分工提高生产效率，从而在整体上取得经济的增长；而新的以人为核心的发展观，不再单纯地强调分工与效率，而是强调人在发展的过程中取得自身“全面的发展”。以图中的母亲为例，在参与市场交易的过程中，她的身份是多样的，集粮食生产者、运输者、卖家于一身，在这个过程中，市场是途径，却不是最终目的，速度也不是最终目的，规模也不是最终目的，“这个人”的发展，即获得了知识、获得了移动能力、获得了交往空间、获得了社会生活、获得了经济收入……这些被认为是发展最终的目的。

图 1–2　罗斯林对于解决贫困问题方法的图示
资料来源：作者根据优酷网站“TED 演讲集”整理。

1.4 国际内生发展理论的发展

在对外生发展模式的反思以及以人为本的发展观逐渐确立的背景下，作为致力于解决区域，特别是乡村发展问题的一种新模式，内生发展模式（endogenous development）开始出现并逐渐受到认可。其发展主要可以划分为产生阶段、发展阶段、成熟阶段。[13]

1.4.1 产生阶段：区别内生与外生的差异

内生发展理论最初于 20 世纪 70 年代出现在社会学领域，其关注重点集中在现代化发展途径和国际关系方面。

1969 年，日本社会学者鹤见和子在对民俗学者柳田国男和美国社会学者帕森斯的成果进行研究之后提出，现代化的演化过程根据初始状态的不同可以大致分为两类："外发的发展"和"内发的发展"。其中，前者是以政府的巨大投入和吸收资金为主，追求经济的快速增长。这种模式主要以欧美为追赶目标，在发展中国家屡见不鲜。而后者是在保护生态、注重文化的同时，建立良好的社区秩序，追求区域可持续发展，该理论在日本被称作"内发的发展论"。

鹤见和子在 1975 年进一步论述，在日本现代化的发展过程中可以看到西欧发展理论的影子：既有外生的又有内生的，前者是社会精英主导历史，而后者强调群众在历史中的作用。她通过分析现实中的自然公害、人类生活和道德风险的具体事例，强调外生发展是不可持续的。她揭示了区域经济的发展单靠外部投资是很难达到最终的发展目的的，"给传统的外生式发展模式以重重一击"。

基本与鹤见和子提出的"内发的发展论"同时出现，1975 年，瑞典哈马绍（Dag HammarskjÊld）财团在强调国际关系时提出了有别于外生发展模式的"另一种模式"，即"内生发展"这一概念，认为"如果把发展作为个人解放和人类的全面进步来理解，那么事实上发展只能由社会内部来推动"，并提出了该模式的五个要点：

①发展目标必须满足人们对物质和精神的需要；

②注重内生性，应该尊重发展方向的多元化；

③在自然环境和文化背景下，社会成员发挥积极性和创造力，其核心为区域经济发展的自立性；

④强调生态保护，确保一切经济活动在当地环境可承受的范围内进行；

⑤需要社会经济结构灵活地应对外界环境的变化。

在内生发展理论的产生阶段，主要的学科背景为社会学及国际关系学领域，关注的重点在于区分内生发展模式与外生发展模式的差别，强调对于地区本底生态、文化、社区结构的保护，并开始强调在发展过程中对于“人”的需要及其主体作用的认识。

1.4.2 发展阶段：学科拓展与模式反思

发展至20世纪90年代前后，内生发展理论开始向两个方向进行理论拓展与深化：一是跨学科的视角拓展；二是对理想化模式的反思与提升。

首先是内生发展理论开始出现跨学科的拓展特征，在原有的社会学与国际关系学领域进一步深化，在环境与区域经济学、民俗学、人力资源管理等方面实现了拓展。

在社会学领域，鹤见和子于1989年进一步深化了其“内发的发展论”的观点，认为“内发的发展论”是指不同地区的人们和集团适应固有的自然生态体系，遵循文化传统，参照外来的知识、技术和制度，自觉地寻求实现发展目标的途径，创造出理想的社会形态以及形成人们自觉的生活方式。区域发展应该是当地居民理论联系实践、积极主动参与经济活动的结果，而并非政府强制执行使然。

在国际关系学领域，日本学者西川润于1989年对内生式发展模式的特点进行了如下归纳：

①由过去欧美的资本积累论和现代化的理论，逐渐发展成为强调人的全面发展、全民共同参与和管理的理论；

②自由主义发展论所坚持的普适的一元论不断被否定，继而强调区域内通过自律和共同参与而达成“共生的社会”；

③该理论与市场经济和计划经济下传统的生产关系不同，它强调居民的广泛参与和相互协作以及自主管理的生产关系；

④由于来自外部开发和跨国公司的分工整合和资源吸收，单一地方文化与之不再兼容，这就使得外来型资本发挥的作用大打折扣；

⑤强调社区产业间相互关联的同时，更强调居民和生态系统之间的协调关系。

在环境和区域经济学领域，日本学者宫本宪一于1989年指出：照旧有的外生式开发模式，现有资源会被优先利用，但是以当地居民为主体的环境保护和公害预防计划反而被搁置。外生式开发会造成很大的资源浪费，导致发达国家和地区对发展中国家和地区的掠夺性开发。在 20 世纪 80 年代，日本为了解决大城市发展停滞的问题，开始注重城市居民的自主权，因此形成了“城市文化”。同样，由于农村过疏化，日本政府需要给予农民更大的自主权以解决该问题。宫本宪一把内生式发展模式成立条件概括为以下四点：

①区域内的居民须以本地的技术、产业和文化为基础，以区域内的市场为主要对象，开展学习、计划和经营活动，但这并不是鼓励实行区域保护主义；

②须在环保的框架内考虑开发，追求包括生活适宜、福利、文化以及居民人权在内的综合目标；

③产业开发并不限于某一产业，而是要跨越复杂的产业领域，力图建立一种在各个阶段都能使附加值回归本地的区域关联产业；

④建立区域内居民参与制度，地方政府要体现居民的意志，并拥有为了实现该计划而管制资本和土地的权力。

在民俗学领域，1994 年，日本学者赤坂宪雄强调内生性和多系发展的重要性，并倡导民俗学界积极推进内生式发展模式的理论研究。

从人力资源管理的角度，1991 年，守友裕一指出：在商品经济关系中，土地、生产手段和生活手段是“能看见的财产”，而劳动者的才能是我们这个社会“看不见的财产”，这些看不见的财产是社会必不可少的，只有它们得到了高度发展，才能真正推动历史前进。

日本以内生发展理论为主体的研究，被西方发达国家所吸收，并于 20 世纪 90 年代开始，逐渐被以联合国为代表的各类发展组织所采纳。

其次，内生发展理论开始对理想化模式进行反思与提升。

日本关于内生发展理论的研究逐渐被西方国家吸收，内生发展模式在 20 世纪 70 年代后逐渐在欧洲地区运用于乡村与区域发展策略中，发展至 20 世纪 90 年代，出现了对内生发展理论的反思，认为传统的内源性发展过于理想化，任何地区都必须与本地以外的因素产生相互作用。其关键点是怎样将外部的资源和活力变为己用，在新政策、制度、贸易和资源环境上相互作用及怎样介入这些作用。

当时还提出了“新内源性发展”的概念，主张农村要保持自身的独立地位，也要在一定程度上通过与外部的贸易、资源、政策等建立动态关系，来达到当地居民参与到内、外部发展过程之中的目标（表 1–2）。

“新内源性农业发展”框架 表 1-2

特征	新内源性农业发展
关键原则	本地与外部全球化力量的相互作用
发展动力	信息全球化和科技的突飞猛进
农村地区的功能	建立与外部连接的网络模式及为当地居民提供知识和行动参与的机会
农村发展的主要问题	如何进行全球环境下的资源配置和提升竞争力
农村发展的焦点	发展本地参与者的能力，引导当地和外部因素的有效结合以获得收益

资料来源：杨秀丹，赵延乐．欧盟农业新内源性发展模式分析及启示 [J]. 河北大学学报（哲学社会科学版），2013.

面对全球化及科技进步的压力，本土乡村如何发展以应对日益差异化的城乡关系以及农业如何发展以应对工业“掠夺”，成为这一时期内生发展理论的关注重点。[14]

其中，以 1998 年英国莱斯特大学的兰·鲍勒（Lan Bowler） 的研究为代表。这一研究认为全球化对于农业本土发展有外在的压力，但作为农业本身有一种内生型发展潜力。研究通过对欧洲联盟中的五个落后地区进行实证研究，提出农业多样化的模式是解决城乡非均衡发展的有效路径，并提出内生型发展进程应该强调本土力量以应对全球化的经济力量。即在工业化发展的背景下，依托于当地资源形成具有弹性和适应性的本土经济。在探索地区和农村发展的过程中强调的“自下而上”的战略已与先前主导的“自上而下”或外源性发展范式截然不同，农村机构的本土网络作用隐含其中①。

关于如何实现农村、农业的内生发展，伊亚科博尼（Lacoponi）针对农业内生发展如何对抗全球化竞争的问题提出了九点具体策略：

①一个自我为中心（self-centred）和发展的本土进程；

②基于本土可获得的资源（自然的、人为的和文化的）；

③本土依赖的，生产本土的具体产品和服务；

④原始组合的社会关系、市场和将本土特征转换成资源的技术能力；

⑤为本土资源提供一个新的动力；

⑥管理成本高于处理和转换成本；

⑦留于本土的发展优势；

① 研究认为机构的本土网络要去刺激或引导独立存在其中的内生发展能力，这里，“机构”的概念可延伸到包括地方的管治代理商、本地政府、公共和私人组织，例如银行、教育、文化机构等，和正式自治组织。这就是多元化的一个解释，即一个本土农业通过全球的食物网络对家庭农场的边缘化进行回应。

⑧对发展进程的本土控制；

⑨本土价值的发展。

这九项指标是目前为止讨论农业内生型发展的最为完备的体系，认为本土是基础，动力从本土资源中产生，走本土进程的道路，在本土发展优势上成熟化，并提供行之有效的控制机制，为本土资源的有效利用发挥促进作用，即提供新的动力。②和③是内生发展的表现形式，④和⑥是衡量内生发展的具体指标。目前，根据对欧洲农业的研究，认为这九项指标是有效并实用的，它能够较好地促进城乡的均衡发展。

同时，在实施层面，关于利用内生发展理论协调处理地方（local）、区域（regional）与国家（national）政府的关系的模式，库克（Cooke）于1992年提出了一个地方经济变化可能性途径的“三层分类”体系（three-fold classification）（表1-3）。

地方经济发展途径的“三层分类”体系　　表1-3

层次	定义	特征
第一层面	草根途径 （“grass-roots” approach）	农村社区变化的需求与动力均发生在社区层面
第二层面	网络途径 （“network” approach）	区域与国家政府给予地方支持，可能包括战略指导原则或条例等，但依然保持地方发展的动力
第三层面	统制途径 （“dirigiste” approach）	完全自上而下的模式，地方发展动力受限

资料来源：BARKE M, NEWTON M. The EU LEADER initiative and endogenous rural development: The application of the programme in two rural areas of Andalusia, Southern Spain[J]. Journal of Rural Studies, 1997, 13(3): 319–341.

1992年，欧盟委员会（EU commission）为了在各成员国内推动上述草根途径的乡村地区发展项目，成立了LEADER资助计划（LEADER Initiative），强调地方性的社会动员以及地方组织的作用，用以将不同的社区利益整合成为共同的行动目标。资助目标是实现发展进程的地方控制（local control），地方层面拥有决策权并享受发展利益。

1997年，迈克尔·巴克（Michael Barke）等人以西班牙南部安达卢西亚地区（Andalusia）的两个申请项目为例，研究了该计划实施的实际效果，这两个项目分别位于阿尔普哈拉（Alpujarra）和拉洛马（La Loma）。结果表明，拉洛马地区更多地表现为集权化的、自上而下的发展途径，地方私人部门参与度低；阿尔普哈拉地区的私人部门和公共部门在地方层面展开了更密切的合作，从分类上，其表现已接近库克提出的网络途径。可见，草根途径由于基层社区发展动力相对薄弱的客观限制条件，在实施层面往往缺乏可操作性，而网络途径由于兼顾了草根途径与统制途径的优势，成为西方国家探索乡村地区内生发展模式的一种实际操作方式。[15]

乔纳森·默多克（Jonathan Murdoch）将这种方式称为介于国家与市场 、内生与外生战略之间的“第三条途径”。他认为西方国家在战后普遍采用的国家主导型（state-centred approaches）的区域发展策略造成了乡村地区对于国家支持的依赖，而网络途径将成为乡村发展的一种新的范式。[16]

综上所述，在内生发展理论的发展阶段，一是实现了跨学科的发展，二是应对新出现的全球化及城市化进程，开始了对于“中间途径”的探索，以解决传统内生发展模式中过于理想化的问题，真正成为在实施层面具有可操作性的一种发展模式。

同时，在这种模式中，强调“共生”“全民参与”“全面发展”等过程性措施，提出以地区总体福祉而不限于经济增长作为发展目标，并始终把“人”的发展（包括主体诉求和享受发展带来的收益）放在理论体系的核心位置。

1.4.3 成熟阶段：乡村发展的“新契约”

进入 21 世纪，内生发展理论开始系统化地运用于全球乡村地区，首先是基于内生发展视角，对乡村及乡村的价值进行了重新评估，其次是在全球范围内由联合国推动，形成了内生发展的“新契约”。

1. 对乡村及乡村价值的重新评估

后现代性在 20 世纪 60 年代后逐渐成为西方国家的主流社会文化形态，其对于科学、教育、文化等领域都产生了根本性的变革与影响。[17]后现代性与内生发展理论结合，对于“乡村”的认知产生了直接的影响。以保罗·克洛克（Paul Cloke）等人提出的“后乡村”为例，其认为后现代社会中的乡村已经在社会学意义上与传统乡村空间发生了拆离。

首先，保罗·克洛克认为，传统的城乡边界由于技术进步，尤其是互联网的发展而变得模糊，城乡边界的变化同时表现出乡村的城市化（urbanization of the rural）和城市的乡村化（ruralization of the urban）两种趋势：

乡村的城市化：大多数乡村地区，由于纸质传媒以及互联网技术带来的文化扩散（cultural dissemination），已经在文化上被有效地城市化了。

城市的乡村化：在过去 30 年间，起初是手工业，进而是服务业出现城市向乡村的转移，经济多样性的变化带来了城乡间人口统计学意义上的变化，大量城市人口转移到乡村地区。由此，乡村的社会与空间发生拆离，在原有的地理空间上形成了多样的社会空间。

在这两个同时发生的转变的影响下，城乡间的地理边界逐渐模糊，但其社会学分界变得日益重要。

其次，对于乡村的定义方式发生变化。乡村的定义已经经过了功能性定义（functional concepts）、政治经济学定义（political-economic concepts）两个阶段，发展到了后现代乡村性思考（postmodern and post-structural ways of thinking）的阶段。“社会学构建的乡村空间已经越来越与地理学功能性乡村空间发生拆离，以至于我们需要以‘后乡村’（post-rurality）概念来理解现在的乡村性；一个逻辑上的结果就是将乡村社区与景观视为一种超现实的、具有价值的物品；乡村性的文化地图（cultural mapping of rurality）将主导对于乡村空间的认知。”[18]

詹金斯（T.N.Jenkins）也认为内生发展模式是将后现代性付诸实践的途径。他以文化多样性为研究对象，认为后现代性开启了人们对于传统的再评估，乡村发展进程中的文化多样性有助于避免一个在文化上均质的世界，而这促进了欧洲边缘区域乡村经济、社会、环境等多方面的可持续发展。同时，他认为诸如环境质量、传统、文化等公共产品，如果得到有效的市场开发，将成为一种经济性资产（economic asset），并由此创造可持续的收入与就业。[19]

克里斯托弗·雷（Christopher Ray）也持有相似的观点。他认为在乡村地区社会经济发展过程中，内生发展途径被日益重视的主要原因是基于地方性的本土资源，包括物质资源、人力资源以及其他不可见的各类资源被激发。由此，他提出内生发展的前提是发掘与创造本地“领域特征”（identity of the territory），将本土的人以及他们的创新精神、创业精神和经济与智力资本，与空间进行结合，创造出内生发展的途径。[20]

基本与后现代主义同时出现，由于生产力大幅度提高，加之人们普遍的闲暇时间的增加、工作时长的缩短、退休制度与退休年龄的调整等综合性的因素，个人休闲和娱乐在社会生活中的作用变得越来越重要，消费主义开始成为西方国家的主要发展特征。[21]

2008 年，世界城市居民人数在历史上首次超过乡村居民，从人口数量这一点来说，我们今天所处之世界，已进入“城市时代”。2011 年末，我国城镇化率达到 51.27%，这标志着我国的城乡关系也已经进入了一个新的阶段。纵观世界各国，城市化率达到 50% 的阶段也是城市问题和社会矛盾不断积累的时期，诸如住房紧张、环境污染等“城市病”成为困扰各个国家的通病。[22]

在新的城乡关系格局下，乡村以其独有的社会经济、历史文化、生态自然等特征而成为城乡统一体中新的消费场所。乡村价值被放置在城乡统一体中进行新的定位，是内生发展理论在这一时期的重要表现。

2. 形成全球范围的内生发展“新契约”

2000 年，联合国和平文化国际会议明确提出要在四项“新契约”的基础上提倡全球性内生式发展计划：

①新的社会契约，承认人是经济发展的推动者和受益者；

②新的自然契约或环境契约，包括长期的思路以及紧急状态下采取的应对手段；

③新的文化契约，旨在维持文化的独立性或者特别之处；

④新的道德契约，以确保全面落实构成我们个人和集体的行为守则的价值观和原则。

这项“新契约”逐渐被全球范围内的政策制定者、社会经济组织所认可，开始根据自身发展条件与资源禀赋探索各自乡村区域内生发展的理想范式。

以韩国忠南地区发展规划为例，内生发展作为促进区域全面发展的重要途径，受到韩国各级政府的高度重视。2008 年，该地区发展的主要问题表现为：①过高的对外依存度，贸易依存度为 144.7%（世界平均贸易依存度仅为 41.81%）；②经济过度依赖大企业；③区域经济增长与区域生活、就业水平相背离，2000-2008 年忠南地区 GDP 年均增长率达到全国第一，但是其平均雇佣增长率仅为 1.1%，低于全国平均的 1.4%，同时，该区域贫困阶层的比例为全国第一；④区域发展不均衡；⑤经济增长给环境带来了较大的压力。

其针对现实问题所采用的基于内生发展的新发展战略包括如下要点：

①促进农水产业和农渔村的发展，扩大优质农业，发展可作为生活空间、经济活动空间、环境及文化景象空间的农渔村；

②培育地区产业，根据各个地区的不同发展特色培育地区产业，并支持地区资源循环型的中小企业发展；

③加强对中小企业及微小私营者的保护，为传统市场注入更多新鲜血液，并控制大资本的流通；

④加强忠南地区各个经济团体间的联系与合作，加强社会经济部门的培育；

⑤强化社会资本的形成，加大对福利财政的投入，扩大福利事业，完善对老弱者、女性、儿童等弱势群体的保护，构建区域内居民相互信赖的关系网络；

⑥各地区培养该地的领导人，留住本地人才，注重各地区间的城乡交流；

⑦合理实施地方分权政策，构建新的治理体系。[13]

2000 年，守友裕一将内生式发展模式归纳为以下四点：

①与外来开发模式不同，内生发展的区域不依赖区域外的企业，而是根据社区居民的创意和努力谋求社区发展；不依赖外来的经济支持，而是在必要时才争取外来的资本和经济支持。

②把重点放在区域供求关系上，并以此为基础，开拓国内和海外市场。尽可能在区域内谋求经济增长空间，不强调过多增加账面营业额，而是追求稳定、健全和可持续的经济增长。

③从提高个体经营能力开始，进而提升区域产业的竞争力。同时，区域内各产业之间还要尽可能相互关联，以保证原材料的充分利用，形成自有品牌，增加各区域产业的附加值。

④制定全民参与制度，政府应该把当地居民的想法作为制定政策最主要的参考。换言之，政治精英与学术精英的行为不能脱离民意，否则会导致民众广泛的反智主义。

至此，在内生发展理论的成熟阶段，基于知识和内部动力的全球性发展被视为内生式发展模式的重要内涵。它的开发目的不仅是经济的增长，而且是为了实现地区环境、福利、教育和文化水平的综合提高以及地区资源和技术的最大限度地灵活应用。[2]

1.5 我国乡村内生发展的争论与研究

1.5.1 关于我国乡村能否实现内生发展的争论

我国将内生发展理论运用于国内的研究，大体开始于 21 世纪初，在此进程中，主要的研究重点体现在两个方面，即乡村内生发展动力、内生发展机制研究。

关于我国乡村地区是否能够实现内生发展以及内生发展理论是否能够成为乡村规划的指导原则，仍然是学界争论的重点内容之一（表 1-4）。

关于我国乡村能否实现内生发展的观点分歧 **表 1-4**

代表学者	研究时间	研究方法	主要观点
支持内生发展的主要观点			
陆学艺	2001 年	百村经济社会调查课题组	内生发展是中国农村理想的发展形态；政府部门在乡村地区基层组织的外生权力需要与乡村社会的内生权力进行结合
张富刚、刘彦随等	2008 年	系统论角度	将农村发展系统分为内核系统和外缘系统两个部分，认为乡村发展的核心系统是农村主体系统和本体系统的耦合；培育乡村地区的自我发展能力是解决我国乡村发展问题的根本途径
杨丽	2009 年	山东三城市案例比较	起初用以解决发展中国家乡村地区衰落和贫困问题的外源式发展模式会导致乡村地区丧失经济、文化的独立性并产生环境和资源问题；提高农村居民自身的发展能力是农村发展的根本
鲁可荣	2010 年	北京、安徽三村案例比较	政府对于农村社区发展的作用应当表现为引导和支持，而真正决定农村社区发展的动力来自社区内部
李裕瑞等	2011 年	黄淮海地区乡村格局研究	虽然部分偏僻地区乡村的内生发展动力受到经济辐射能力、人口结构与分布密度、基础设施条件等多方面因素的制约，但综合分析，增强内生发展能力依然是这些地区可行的发展思路
郭艳军等	2012 年	北京北郎中村案例研究	长期以来推行的依靠政府、外来企业等开发援助的外源式发展并不能有效解决农村的持续稳定发展问题
唐伟成等	2014 年	宜兴市都山村案例研究	基于乡村一端来主动破解衰败问题，开启一条内生型的乡村治理政策，才是根本改善乡村面貌的可行途径
反对内生发展的观点			
党国英	2006 年	对“明星村”建设模式的理论反思	经济成长的最高阶段是剩下少数农民搞农业，让农业成为城市的一个食品生产“车间”。落后的农业居民要致富，最快捷的办法是走出去，走到城市去
滕燕华	2010 年	上海市崇明县 FJ 村的案例分析	村民参与集体经济的能力在进一步减弱，从而更倾向于个体行动。由于本土资源的贫乏、本土村民集体意识的淡薄、本土条件的限制，FJ 村开始寻求外源性发展因素的支持
黄亚平等	2012 年	湖北省 24 个山区贫困县的数据分析	未来欠发达山区城镇化稳步健康发展的主导动力为宏观政策力、中观经济力、微观要素力。其中，“宏观政策力始终占有主导话语权”
杜海生	2014 年	豫北村庄转型的案例分析	我国的广大农村多半是没有集体资产，没有第二、三产业，它们的力量十分有限，更需要借助外力的推动和帮助。“如果只一味强调村庄内在需求和发展动力而无其他助力的存在，那像豫北村庄这样的实验和探索不管还有多少，形式怎样，必将以失败告终”

分析这种争论产生的原因，本研究认为可以初步归结为两点：

一是对于“内生发展”的认知尚未实现语境的统一，尤其是在乡村发展与乡村规划中，内生发展是否完全不借助外部力量的介入，是造成理论认识分歧的原因之一。

二是国内的现有研究，大多数以个案研究的形式进行，这类研究有助于在具体的乡村社区得到深入的剖析结论，但由于我国乡村地区地域跨度大、社会发展水平差距大等客观因素的限制，造成了研究结论的差异性。

1.5.2 关于乡村内生发展动力的研究

张环宙等从理论出发，认为内生发展的内涵应当包括三个方面：①地区开发的最终目的是培养地方基于内部的生长能力，同时保持和维护本地的生态环境及文化传统。②为了实现第一点的内容，培养本地发展的能力，最好的途径是以当地人作为地区开发主体，使当地人成为地区开发的主要参与者和受益者。③为了保证第二点的途径，必需的措施是建立一个能够体现当地人意志，并且有权干涉地区发展决策制定的有效基层组织。从理论的角度来看，“内生”（endogeneity）几乎是“自下而上”（bottom-up）、“基层”（grass roots）、“参与”（participation）这些词汇的同义词。[2] 这种观点认为乡村内生发展的动力完全产生于乡村社区的基层。

2001 年，陆学艺组织了百村经济社会调查课题，通过研究指出：从农村社会主体的角度出发，研究农村社会的视角可分为家庭、村落、地方市场以及国家权力四种视角。[23]

关于中国农村的研究对象到底是以行政村还是以自然村为研究的基本单位，陆学艺认为要科学地研究中国农村社区以及农村社区发展的内部动力，应该把行政村作为农村社区的基本单位，以农民为主体，从家庭与农村社区组织结合的角度研究村落的内部结构，揭示农村社区发展的内在动力。同时也要考虑影响农村社区发展的外部因素，包括村落外部地方市场和地方政府对社区结构、社区组织的影响，研究影响农村社区发展的外部因素以及内外部各种因素相互作用的机制。研究最终通过分析村落社会结构与村落内生发展的关系，指出内生发展是中国农村理想的发展形态，政府部门在乡村地区基层组织的外生权力需要与乡村社会的内生权力进行结合。

另一种研究思路认为我国乡村内生发展的动力是综合性的。李庆真在对一个皖北村庄的个案调查的基础上提出乡村内生发展动力包括：社区共同体的形成；社区精神的培养；一个具有人格魅力、德才兼备的带头人；村民自治的运行是为人民谋福利而不是政府延伸下来的行政运行；契约型社会资本诸要素的运行（社会关系网络、社会信任和社会合作）；村民的现代化。[24]

2011 年，李裕瑞等采用农业生产发展、社会经济支撑、农民生活改善三个主要的指标体系，对黄淮海地区的乡村发展水平进行了评估。研究认为，从现状情况看，工业化和城市化外援驱动力是黄淮海地区的乡村发展格局的主要塑造力。大城市郊区的乡村具有发展高效农业或非农产业的地理区位优势，往往通过发展多功能农业、承接产业转移等成功实现了乡村发展转型；随着城市规模的逐级减小以及到城市的距离的不断拉大，乡村发展水平逐渐下降；距离大中型城市较远、对外交通不便、位于省际交界地区的乡村地域由于产业构型大多仍以传统农业为主，其发展水平往往处于最低层级。[25]

研究针对处于最低层级的“农业主导—严重欠发达型乡村”，认为乡村发展的制约因素在于难以受到城市经济辐射，人口密度高、增长快，农田水利和道路交通基础设施建设严重滞后，村镇体系不完善，村庄空心化突出。解决的思路在于通过加快中小城市发展，加强对于这类乡村的带动辐射作用，同时需要增强乡村地区的内生发展动力，推进农村土地综合整治以重构乡村空间，加强村镇体系和道路交通建设，推进农村公共物品的有效供给，通过优惠的财税政策大力扶持农产品加工业。

唐伟成等从制度变迁的视角对村庄发展要素的整合机制进行研究，提出 21 世纪以来，学术界和政府从国家宏观制度供给的角度出发，提出过诸多的外生型治理对策，我国乡村面貌也因此而出现了或多或少的改观，然而乡村发展的诸多问题仍没有实质性改善。他以宜兴市都山村为案例，剖析其内部制度变革、要素整合机制，基于乡村一端主动破解衰败问题，开启了一种内生型的乡村治理政策。

研究关于乡村内生发展机制的主要结论是建议在长三角地区部分实力较强的村庄选择新集体化道路，依托集体组织来发展乡村经济，引导内部成员的协作。在这个过程中，组织的作用是将外部交易内部化，节约交易成本并形成良好的合作关系。村集体组织架构下的微观制度弹性变革支撑了小单元要素整合机制的建立，最终提供了村庄内部整合与逆向吸引城乡要素的动力。[26]

也有学者提出对内生发展动力在我国乡村实际发展中的作用的质疑。

党国英在对“明星村”建设模式的反思的基础上，认为明星村是把自己的工业和农业捆绑在一起，直接实现了以工补农。“我相信，大部分农业村庄还是要借助国家的力量来间接地实现以工补农。”[27]

其研究认为，这些村庄的发展最终要靠两个办法：一个是促进劳动力转移，让剩下的农民拥有更多的土地来实现一定程度的规模经营。另一个办法还是农民兼业。即使农民户均实现了 20 ~ 30 亩地耕作面积，农民的收入来源还是要以非农收入为主。要让农民获得充分的兼业机会，必须依赖国家的城市化和工业化，这将是一个缓慢的过程。经济成长的最高阶段是剩下少数农民搞农业，让农业成为城市的一个食品生产“车间”。落后的农业居民要致富，最快捷的办法是走出去，走到城市去。

滕燕华通过上海市崇明县 FJ 村的个案调查发现村民参与集体经济的能力减弱，更多地倾向于以个体方式寻求发展。该研究还将乡村精英划分为体制精英和非体制精英两类，并认为 FJ 村中权力结构单一，不存在非体制精英。这种现象一是由于人才的流失，二是村民思想相对被传统束缚。在这种情况下，将村委会干部等同于精英的模糊认知有可能造成不会产生非体制精英的恶性循环。没有可变革力量的存在，也就没有以个人领导魅力为根基而非奠基于既定秩序或既得权力的卡理斯玛型人物的存在。

研究最终认为 FJ 村是一个具有内源性发展相关特点的传统农业村落，但是由于本土资源的贫乏、本土村民集体意识的淡薄、本土条件的限制，FJ 村开始寻求外源性发展因素的支持。因此，FJ 村并不是一个理想的走内源性发展道路的村落。[28]

同样基于个案研究，杜海生以一个豫北村庄转型为个案的研究也得出了类似的结论。研究认为，我国的广大农村，多半是没有集体资产，没有第二、三产业，甚至没有特别富裕农户的传统农业乡村，它们的力量十分有限，所以，不管他们的内在需求和改革干劲有多足，都很难凭一己之力将本村的发展推向大家所希望的高度。因此，更需要借助外力的推动和帮助，这个外力，在更多的时候，其属性被解释为政府的行政之力。该研究认为其所选取的村庄能仅通过自己的力量拆旧建新已实属不易，不能要求每个村庄都能做成这样的事情，而且即便这个村庄走到了这一步，还是遇到了不可逾越的鸿沟，负债累累，缺乏整体建设的资金，缺少科学有度的规划和指导，产业引进的信息不对等诸多问题，这些问题已经超过了一个村子所能解决的范畴。这个时候，对于村庄的进一步发展，外在力量尤为关键。否则，如果只一味强调村庄内在需求和发展动力而无其他助力的存在，那像豫北村庄这样的实验和探索不管还有多少，形式怎样，必将以失败告终。[29]

黄亚平等通过对湖北省 24 个山区贫困县的数据分析，认为未来欠发达山区城镇化稳步健康发展的主导动力为宏观政策力、中观经济力、微观要素力。其中，宏观政策力始终占有主导话语权。其研究指出欠发达山区县域城镇化现状特征为：①城镇化滞后；②异地城镇化现象明显；③经济与产业格局失衡——其中本地有 49% 的

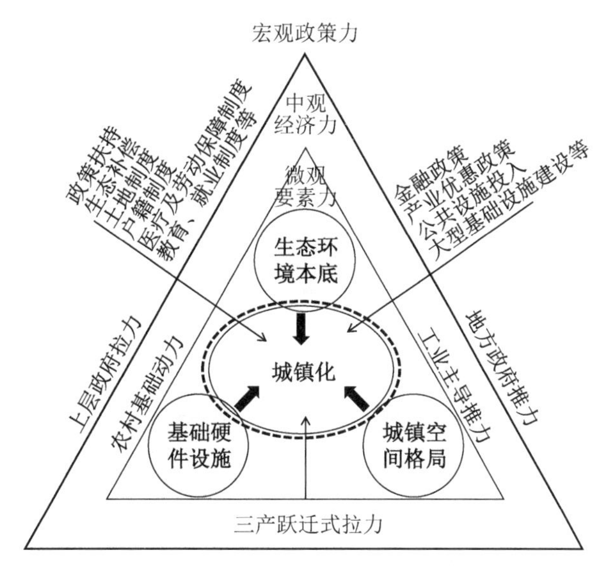

图 1-3　欠发达山区县域城镇化动力机制模型
资料来源：黄亚平，林小如．欠发达山区县域新型城镇化动力机制探讨
——以湖北省为例 [J]. 城市规划学刊，2012.

劳动力长期被禁锢在人均 0.57 亩的农地上；④城镇空间布局低水平均衡。所以，湖北省欠发达山区县的农村居民点分布松散、规模均小、基本农田保护、生态本底脆弱、可建设用地有限，依靠农村工业化带动乡村城镇化的苏南模式在欠发达山区举步维艰（图 1-3）。[30]

1.5.3　关于乡村内生发展机制的研究

张富刚等认为农村发展系统是由农村发展内核系统和农村发展外缘系统组成的，其核心是由农村主体系统和农村本体系统耦合而成的农村发展内核系统，两者之间相互耦合作用的效果直接决定着农村发展系统能否可持续运转。[31]

研究认为：农村自我发展能力属于农村发展的内源性动力，是农村发展内核系统运行状况的直接表现，其水平高低主要取决于农村地区自身的资源禀赋条件、特色的生产技术以及领导者的管理智慧等。其中，农村地区所固有的资源环境条件是农村发展的本底，区域特定的农村经营体制、农业技术水平等是农村自我发展的基本保障。立足于农村资源环境基础，发挥人力资源优势，因地制宜地培育农村自我发展能力，是解决农村发展问题的最根本途径之一。

郭艳军等在地理学领域内继续深化研究，提出了农村整谐发展理论。他认为整谐发展本质上是一种内生式发展，注重农村内部要素整合，强调农村自身发展能力培育，并以整治为促进农村发展的抓手，实现农村稳定持续发展，为内生式发展的实践提供重要指导。[32]

具体研究以北京市顺义区北郎中村为对象，改革开放以来，村经济组织制度经历了“家庭联产承包为主的责任制—局部尝试股份制—全面实行股份制—建立现代企业管理制度—实施品牌化经营战略—推动院村合作创新模式”的发展历程。与此同时，乡村空间结构随之发生转变，从单纯的生产生活空间，发展为集居住、农业生产、农产品加工、乡村旅游、农产品商业集散等功能为一体的多样化的空间结构，空间资源的使用效率得到提升（图 1-4）。

该研究进一步以地理学视角研究农村自组织演化的动力模型，认为系统自组织演化主要经历了五个发展阶段：

一是自然状态下自给自足的传统农业生产阶段，以单户的农户各自经营为主，户与户之间相对独立，村庄与外界联系较少，内向封闭；

二是随着政策、资金、人员、技术等外部因素的影响，村庄系统开始出现与外界因素的相互耦合与系统内部局部要素的涨落，农村发展系统的有序化程度开始提高；

三是乡村社区出现有序的自组织结构，并形成系统构成要素间的有机联系；

四是在内外因素不断变化的过程中，系统内部要素开始进行重组，如农业创新的出现导致部分企业在竞争中取得优势并发展壮大，这些发展又成为系统下一次耦合与涨落的触发变量；

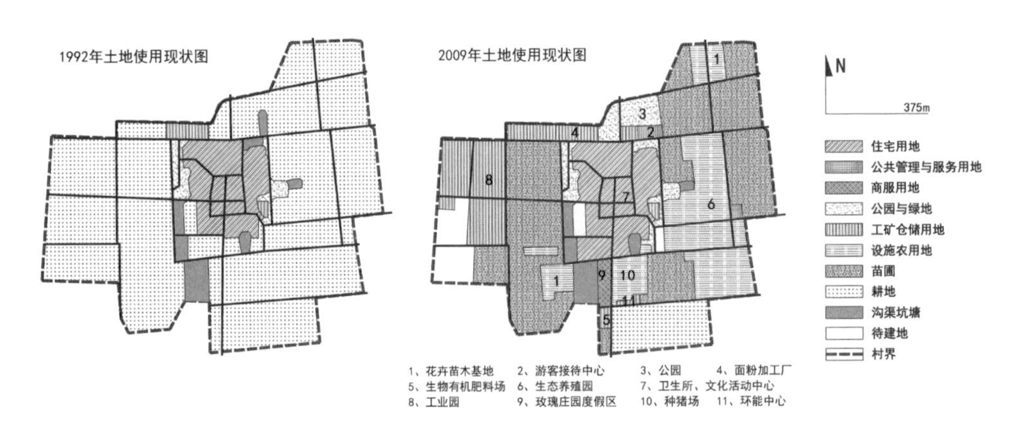

图 1-4　北郎中村产业与空间发展

资料来源：郭艳军，刘彦随，李裕瑞．农村内生式发展机理与实证分析——以北京市顺义区北郎中村为例 [J]. 经济地理，2012.

最后乡村社区的发展系统形成更高程度的自组织结构，乡村生产生活得到进一步发展。

研究最后指出：北郎中村的发展是在市场经济逐步确立的条件下内生式的自组织演化发展过程。村内能人、村企、北郎中农工贸集团在北郎中村发展系统中处于主导地位，注重整合内部要素资源，激发内部动力，适应外界变化，内外力量相互耦合联动，推动村庄持续稳定发展。农村内生式发展或是农村稳定持续发展的根本途径。

杨丽以山东省三个县级市市域产业发展为例，研究农村内源式与外源式发展的路径。研究表明：寿光和青州的内源式发展是从农村内部起步的，在发掘利用当地传统资源的基础上，发现当地农民的创新，及时给予政策支持，利用乡村网络关系，迅速传播与扩散农民的创新技术，充分调动当地农村人的创新积极性，衍生出大量的农民的技术创新。而诸城的外源式发展是从农村外部起步的，起点是农业龙头企业，地方政府把发展龙头企业作为推进农业产业化经营、促进现代农业发展的关键措施。在这个过程中，呈现出线状发展特征，农民为农业龙头企业提供原料或到龙头企业打工，线的一端是龙头企业，另一端是农户（图 1–5）。[33]

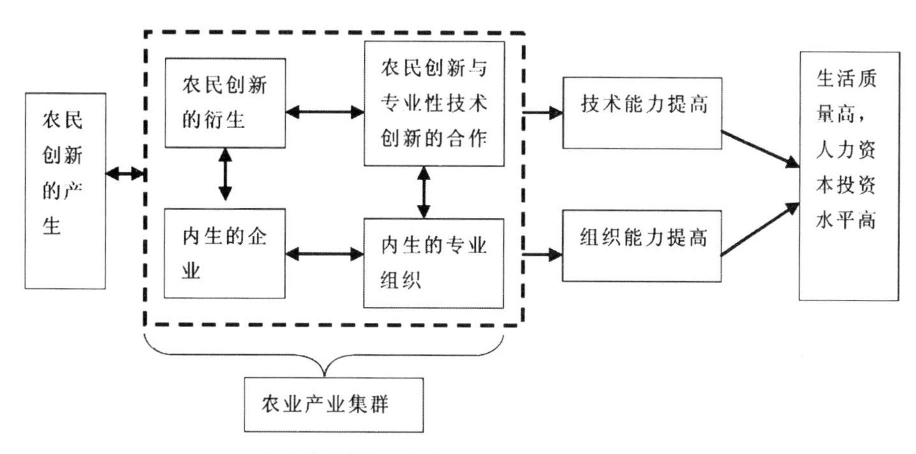

（a）寿光与青州农村内源式发展路径的网络特征

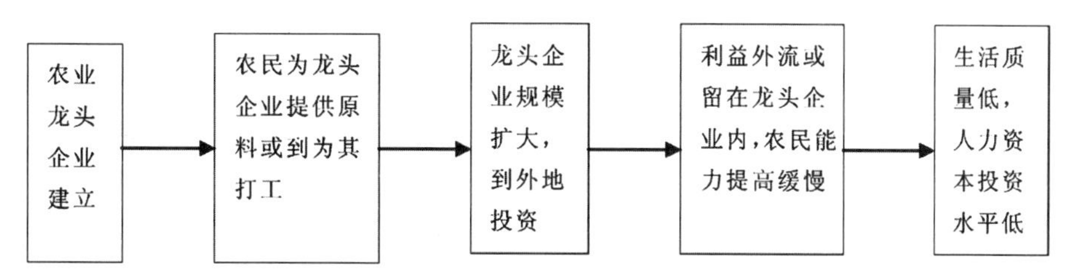

（b）诸城农村外源式发展路径的线性特征

图 1–5　农村内源式与外源式发展路径的特征比较

资料来源：杨丽．农村内源式与外源式发展的路径比较与评价——以山东三个城市为例 [J]. 上海经济研究，2009.

在分析比较的基础上，研究指出，内源式发展虽然在人均纯收入上有时比外源式发展低，但居民的生活质量更高，并且内源式发展地区的农民更注意对人力资本进行投资，更关注提高发展能力，发展的后劲更大。要推动社会主义新农村建设，必须以提高当地农村居民的能力，以农村的内源式发展为根本。

杨廉等研究佛山市南海区村庄集体土地开发机制，划分出“以乡镇企业为主的开发”“以土地流转为主的开发”“以物业建设为主的开发”三个历史阶段，并分析了村集体在三个历史阶段中承担的角色与自身诉求。研究认为，以村集体为主体的“非农化”发展在为乡村带来丰厚的经济收益的同时，传统的乡村社区结构发生转变，形成了非农化的“村社利益共同体”，形成了一种相对独立的、以村集体为统筹单位、以村域为统筹尺度、以集体土地开发为手段、主动追求土地租金收益，并由此推动集体经济和村民收入共同增长的发展模式（图 1–6）。[34]

唐伟成等以乡镇企业在苏南小城镇发展演化中的作用与机制作为研究对象，总结出以乡镇企业内在的根植性、集群性、反哺性为主要特质的内生资本积累机制持续推动着苏南乡镇的演化转型。研究同时指出，以乡镇企业为主体的农村工业化构成了苏南地区小城镇快速发展的内在动力与空间发展逻辑（图 1–7）。[35]

李慧结合江苏句容市丁庄村发展农业旅游的具体案例，分析内生发展模式与外生发展模式的差别，从开发主体、发展控制主体、受益主体、产业类型、环境和文化保护五个方面，研究内生发展机制的实施效果，认为案例乡村的农业旅游发展符合内生发展特征，在实际建设过程中，乡村精英（劳模方继生）带领成立的村民自发组织成为总体发展机制中的主要领导者。[36]

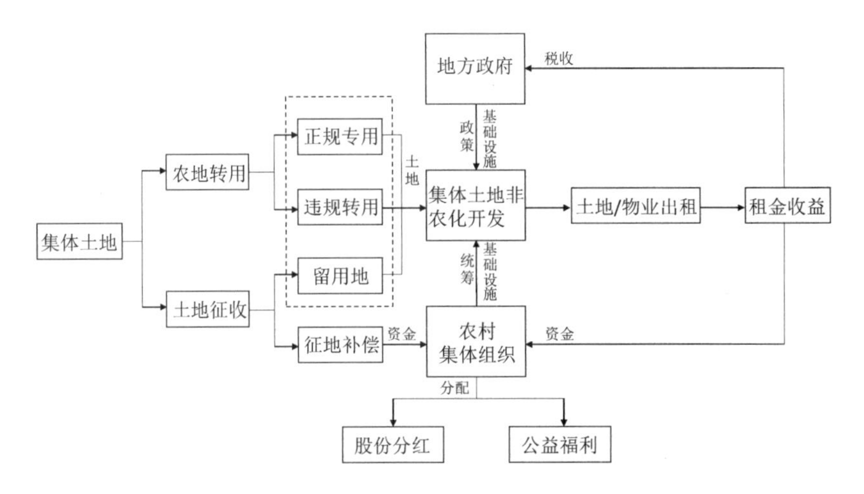

图 1–6　佛山市南海区非农化村庄的集体土地开发机制示意图
资料来源：杨廉，袁奇峰．基于村庄集体土地开发的农村城市化模式研究——佛山市南海区为例 [J]. 城市规划学刊，2012.

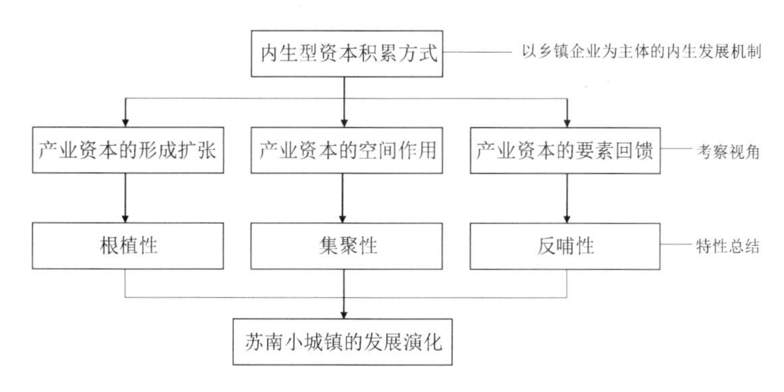

图 1–7　苏南地区乡镇企业作用机制模式示意图
资料来源：唐伟成，罗震东，耿磊．重启内生发展道路：乡镇企业在苏南小城镇发展演化中的作用与机制再思考 [J]. 城市规划学刊，2013.

1.6　内生发展模式的特征

对国内外内生发展理论以及其运用于乡村发展的研究进展进行归纳，从 20 世纪 70 年代内生发展理论开始出现至今，研究的重点从内生与外生的区别开始，逐渐发展成熟，形成了从理论到实践的完整体系。表 1–5 为各阶段代表性研究的主要关键词综合归纳表。

乡村内生发展关键词归纳表　　表 1-5

代表性研究	时间	主要观点及关键词
鹤见和子	1969 年	保护生态；注重文化；社区秩序
鹤见和子	1975 年	群众在历史中的作用
瑞典哈马绍财团	1975 年	个人解放；人类的全面进步；由社会内部推动；物质与精神；多元化；经济发展的自立性；生态保护；社会经济结构灵活应对外部条件
鹤见和子	1989 年	自然生态体系；文化传统；自觉地寻求发展；积极主动参与
西川润	1989 年	人的全面发展；全民共同参与和管理；共生的社会；居民广泛参与及自我管理；居民与生态系统的协调
宫本宪一	1989 年	当地居民为主体；本地的技术、产业与文化；环保为框架；避免单一的产业；居民参与制度
赤坂宪雄	1994 年	多系发展
守友裕一	1991 年	劳动者是“看不见的财产”
守友裕一	2000 年	社区居民的创意与努力；区域供求关系、开拓市场；产业关联、拓展附加值；全民参与制度
联合国和平文化国际会议	2000 年	人是经济发展的推动者和受益者；自然与环境契约；文化的独特性；道德契约
汉斯・罗斯林“发展的维度”		人的全面发展；经济发展是途径而不是目标；环境；教育；解决贫困问题的最终途径是依靠市场
兰・鲍勒	1998 年	当地资源；自我维持；自下而上战略

续表

代表性研究	时间	主要观点及关键词
伊亚科博尼		自我为中心；本土资源依赖；本土价值；本土控制
韩国忠南地区发展规划	2008年	发展优质农业；培育地区产业；保护中小企业与小微私营者；促进社会经济部门的协作；强化社会资本；注重本地人才培养；地方分权等新的治理体系
保罗·克洛克的“后乡村”	2006年	乡村的社会与地理空间发生拆离；乡村社区与景观是一种超现实的、具有价值的物品；乡村性的文化地图
詹金斯	2000年	文化多样性；环境质量；传统；文化；有效的市场开发；形成经济性资产
克里斯托弗·雷	1999年	本土资源（物质、人力、不可见资源）；领域特征；将本土的人以及他们的创新精神、创业精神和经济与智力资本与空间进行结合
库克“三层分类”体系	1992年	网络途径（区域与国家政府给予地方支持，可能包括战略指导原则或条例等，但依然保持地方发展的动力）
欧盟委员会LEADER资助计划及其追踪评估	1997年	网络途径由于兼顾了草根途径与统制途径的优势，成为内生发展理论在实施层面的可行的操作方式
乔纳森·默多克	2000年	网络途径将成为乡村发展的一种新的范式
张环宙	2007年	培养地方基于内部的生长能力;保持和维护本地的生态环境及文化传统;当地人作为地区开发主体、参与者与受益者；有效基层组织
陆学艺	2001年	把行政村作为农村社区的基本单位；以农民为主体；注重社区组织的作用
李庆真	2004年	社区共同体的形成；社区精神的培养；带头人；村民自治的运行是为人民谋福利而不是政府延伸下来的行政运行；契约型社会资本诸要素的运行；村民的现代化
唐伟成	2014年	“新集体化道路”；依托集体组织发展乡村经济；引导内部成员协作
张富刚	2008年	区域农村系统的核心是由农村主体系统和农村本体系统耦合而成的农村发展内核系统；立足于农村资源环境基础，发挥人力资源优势，因地制宜地培育农村自我发展能力
郭艳军	2012年	注重农村内部要素整合；以组织重建为先导、产业重塑为基础、空间重构为重点；农村发展系统具有自组织性
杨丽	2009年	注意对人力资本进行投资；发掘利用当地传统资源；发现当地农民的创新；利用乡村网络关系；充分调动当地农村人的创新积极性
杨廉	2012年	以农村集体组织为统筹单位；非农化的“村社利益共同体”
唐伟成	2013年	以乡镇企业为主体的农村工业化构成了苏南地区小城镇快速发展的内在动力与空间发展逻辑
李慧	2013年	乡村精英带领成立的村民自发组织成为总体发展机制中的主要领导者

总体来看，乡村内生发展的特征可以从四方面进行总结：

1.6.1 自主发展的诉求

如何判断乡村是否为内生发展，在于其发展模式的初始动力是否来自于社区内部。与外生发展模式相比，内生发展始终强调发展的动力来自乡村地方社区，重视地方人群（local people）在乡村发展中的主体性地位，这也是避免政策与资本直接强势介入后主体性丧失问题的核心要素。从这个角度来看，乡村地方社区的参与主体的主观发展诉求是内生发展模式的基础判断标准。

1.6.2 基层组织的协调

在20世纪70年代出现，发展至20世纪90年代，面对全球化与城市化的进程以及科技进步带来的新发展形势，内生发展理论也进行了自身模式的反思与优化。提出的主要观点即在保障第一点基础要素（自主发展的诉求）的主体地位的基础上，需要引入与合理利用外部市场、资金、技术、政策等多方面的支撑与帮助，在此基础上形成能够融入新的城乡结构与城乡统一市场的新内生发展模式。

这就出现了对于基层组织的协调作用的需求。面临外部市场环境，乡村社区的个人群体不可避免地处于弱势地位，信息不对称与资源不平衡等现实条件将严重地制约内生发展模式的实现。在这样的背景下，基层组织的首要作用表现为两点：一是对内形成发展合力，对本地发展要素进行整合，包括人力要素、资源要素、制度要素、组织要素等方面；二是对外联系市场需求，使基于本地资源形成的乡村产品能够在城乡统一市场中寻求价值的实现。

由于国内外社会经济发展阶段、政策体制的差异，具体承担地方组织角色的载体存在性质上的差异，具体来讲，可以分为三种：①乡村自治组织：以欧美为代表，由于其政治体制中的分权特征，乡村社区及民间自治组织比较发达，在这种背景下，自治组织可以承担起内生发展的主体作用。②乡村经济组织：由于发展产业的需要，在一定条件下，以乡村经济组织为主体，也可以承担内生发展的职能，例如国内相关研究中的乡镇企业等，都是通过发展乡村社区产业，拓展产业关联性、深化调整产业结构，来达到促进社区综合发展的目的。③乡村行政组织：主要产生于我国的乡政村治格局，在我国实际的社会经济发展背景中，以村集体为主体，发挥乡村行政组织的优势，保障国家行政权力与乡村自治权利的有效结合，是我国现阶段发展乡村内生发展途径的可行模式，这在前文的国内相关机制研究中得到了充分的体现。

1.6.3 全面福祉的提高

从 2000 年开始，内生发展理论开始重视区域供求关系、市场的重要性，强调基于地方资源的稳健、可持续的综合性发展。这种发展不只重视经济层面，而且同时兼顾地区文化、生态、社会结构的保育与稳定。发展的重点，不仅在于经济的增长，而且包含了经济、社会、生态、文脉传承等多因素的地区福祉的全面提高。这种全面福祉的提高主要体现在四个方面：

1. 经济层面：实现产业多样化

内生发展强调乡村社区本土资源的挖掘，并形成城乡市场中的交换价值。由于外来要素，如资金、人才、政策等的介入，将有效改善乡村产业单一化的经济增长方式，使乡村产业向多样化方向发展，增加乡村地区居民的收入方式，提高乡村经济的发展水平。这是乡村内生发展必不可少的内容，但并不是惟一内容。

2. 社会层面：增强社区活力

乡村发展的最终目的是提升乡村社区的内生发展动力。在新型城镇化的格局中，一方面，人口向城镇集中，提升国家城镇化水平是不可避免的趋势；另一方面，提升乡村社区的活力、促进乡村地区的稳定与繁荣发展也是必不可少的原则。通过内生发展途径，可以使乡村地区的地方人群参与乡村发展的全过程，提高社会参与度，提升自身全面发展的综合素质，并最终实现提升乡村社区活力的目标。

3. 生态层面：保育生态基底

内生发展理论从产生初始，就是针对外生发展模式所带来的对地方自然环境的破坏与掠夺的问题应运而生的。在内生发展理论体系内，对于乡村社区本底自然生态资源的保护与利用，是内生发展理论的重要内容。

4. 文脉层面：保持地方文化多样性特征

与生态基底保育相同，保持地方文化多样性的特征，使乡村社区能够在全球化的进程中保留有文脉传承的自主能力，是内生发展理论区别于外生发展的核心观点。在国内外研究中，如何在发展的进程中培育与传承地方文脉，始终是内生发展理论的重点关注内容。

1.6.4 自我成长的能力

内生发展的目标及其最终的评价标准，是实现乡村之人的全面发展。这是由乡村与城市的差异决定的。城市发展，是以分工和效率为核心，追求发展速度的模式，而乡村地区不同，乡村社区的本地人群能否在参与乡村发展的全过程中获得收益权，并实现自身能力的全面发展，是评价内生发展是否实现的主要标准。

1.6.5 乡村内生、外生发展模式特征比较

内生发展模式始终以乡村社区的本地诉求和发展能力的提高为出发点与最终目标，在发展过程中，通过基于社区需求产生的基层组织的协调，处理内生与外生的关系，并以经济、社会、生态、文脉的综合性发展为主要内容，最终目的是实现人的发展。

外生发展模式中，则始终以经济增长为核心驱动力，以政策及资本的直接介入为方式，将乡村作为城市的附属品，片面地追求经济增长的速度及生产能力的提升，在发展的过程中，发展的动力、发展的支撑、发展的过程、发展的评价，所有的准则都来源于社区外部（表 1–6）。

乡村内、外生发展模式特征比较 表 1-6

乡村外生发展特征		乡村内生发展特征	
经济增长的诉求	以国家层面整体的经济增长为基本诉求，乡村社区的发展被视为城乡发展中的一环，乡村主要的作用是保障粮食生产能力，为整体的城乡发展提供支撑	自主发展的诉求	以乡村社区地方人群的发展诉求作为发展的原动力，地方人群在发展的过程中始终保持主体性地位，并参与乡村发展的全过程
政策资本的介入	推进方式是外部政策与资本的介入，地方主体在这个过程中处于边缘化位置，无法保障本地人群获得经济增长带来的收益	基层组织的协调	面对市场竞争，需要建立乡村社区基层组织并发挥其协调作用，保障地方人群的参与权、决策权、收益权
单一要素的提高	只考虑经济增长，忽视社会公平、环境保护、文脉传承等因素，造成破坏性发展	全面福祉的提高	以经济发展为途径，但不以经济为惟一评价要素，综合性解决乡村社会、环境、文化等问题
经济指标的提高	发展的目标与检验标准也是以经济指标为准，短期内得到解决，生产能力与产业结构得到升级，但长期会产生贫困循环问题	自我成长的能力	形成稳定、综合性的发展模式，短期内的发展速度低于外生模式，但发展具有长期可持续性，发展的最终目的是人的全面发展

乡村外生发展模式的特征，体现为单向线性模式，以经济增长为诉求，通过政策资本的介入，实现经济指标提高的目标。但在发展过程中，由于只关注经济增长，忽略了对非经济内容的重视，会带来地方发展主体性丧失、增长掠夺性、不可持续性及贫困循环等衍生问题，而这些衍生问题是无法在外生发展模式中的自身线性系统中予以解决的（图 1–8）。

与外生发展模式相比，乡村内生发展的原动力产生于乡村社区内部，地方人群在发展的过程中始终保持主体性地位，并参与乡村发展的全过程。同时，为解决乡村社区地方人群在市场竞争中的弱势地位的问题，产生了对于基层组织的协调的重视，地方人群通过基层组织的整合与协作，参与城乡市场竞争。在发展过程中，虽然重视促进乡村经济发展，认为经济发展是实现可持续发展的基础与必要途径，但不以经济为惟一评价要素，力求综合性解决乡村社会、环境、文化等问题。最后，乡村内生发展的目标是实现乡村社区地方人群自身能力的全面发展。

自主发展的诉求与自我成长的能力构成了主体层的内容，即人是发展的动力，也是发展的目标；基层组织的协调和全面福祉的提高构成了过程层的内容，是发展过程中的重点内容。同时，自主发展与基层组织形成了发展的动力层，全面福祉与自我成长能力则构成了发展的目标层。

四个特征间形成循环结构，并始终以“人”（地方人群）作为核心。最终，随着人的能力的提高，又会形成新的发展诉求，从而实现可持续、循环型的螺旋上升的体系与结构（图 1–9）。

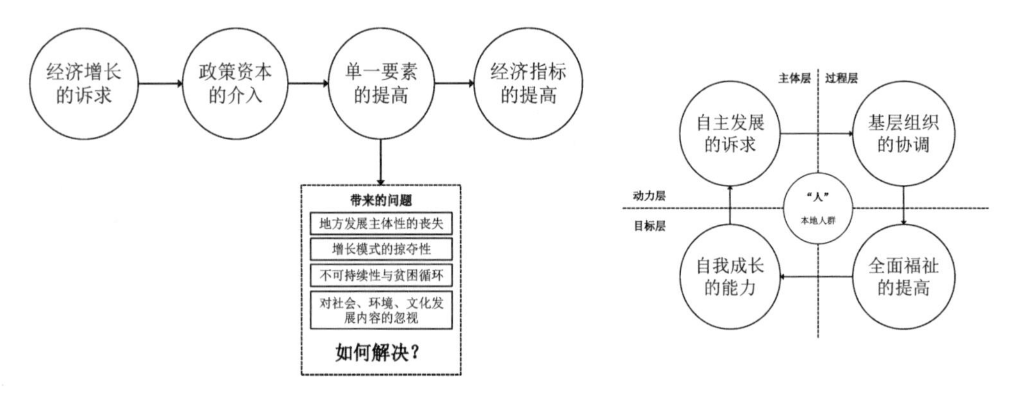

图 1–8　乡村外生发展模式特征分析图

图 1–9　乡村内生发展特征分析图

第2章　近现代乡村规划理论的剖析

2.1　基本理论阶段的特征分析

在18世纪末的英国，传统建筑学领域出现了最早的由设计师参与的乡村规划实践，并形成了田园郊区（Garden Suburb）运动。之后，田园郊区运动的影响传至美国，并逐渐演化成为美国的乡村设计（Rural Design）。

1. 田园郊区运动[37]

田园郊区运动起源于18世纪的英国，比霍华德提出的耳熟能详的田园城市理论早出现约100年。随着该运动的出现，“设计师第一次被要求将他们的注意力放在小尺度的村庄社区以及住宅类型的规划设计上”，这意味着建筑学开始介入乡村规划领域，被认为是近现代乡村规划理论的开端。田园郊区运动主要可以划分为三个阶段：一是在英国的起源阶段；二是在英国的发展成熟阶段；三是在美国的发展演化阶段[①]（表2-1）。

田园郊区运动的主要发展阶段及代表性项目　　表2-1

在英国的起源阶段	在英国的成熟阶段	在美国的发展演化阶段			
		田园飞地	田园村庄		
			铁路阶段	有轨电车阶段	私人汽车阶段
1760年，海尔伍德（Harewood）	1907年，汉普斯特德（Hampstead）	1853年，卢埃林公园（Llewellyn Park）	1851年，格兰岱尔（Glendale）	1892年，德鲁伊山（Druid Hills）	1923年，橡树河（River Oaks）
1794年，艾耶尔（Eyre Estate）			1909年，森林山公园（Forest Hills）		

资料来源：作者根据STERN R. Paradise planned: the garden suburb and the modern city[M]. United States: The Monacelli Press, 2013. 整理。

① 田园郊区运动在世界范围内有大量的实践，但这三个阶段具有典型代表性，可以用来梳理田园郊区运动理论发展的路径与特征。

2. 乡村设计[38]

美国的乡村设计，源于 20 世纪初期（有据可查，是受到田园郊区理论与实践的影响，逐渐产生与成熟），其设计对象实质上是乡村地区的镇这一级别。根据发展阶段与理论关注点的不同，大体可分为三个阶段，分别是基于艺术与美学视角的阶段（约 1900–1950 年）、基于关系与协调视角的阶段（约 1950–1990 年）、综合性的乡村地区及小居民点设计（约 1990 年后）（表 2–2）。

乡村设计的主要发展阶段及代表性观点与项目　　表 2-2

基于艺术与美学视角的阶段（约 1900-1950 年）	基于关系与协调视角的阶段（约 1950-1990 年）	综合性的乡村地区及小居民点设计（约 1990 年后）
1909 年，《城镇规划实践：设计城市和郊区的艺术导论》	1964 年，《城镇景观》	1991 年，宾夕法尼亚科斯摩斯庄园设计
	1981 年，《空间：人类景观的尺度》	1990 年，新泽西州丹佛镇设计

资料来源：作者根据兰德尔·阿伦特．国外乡村设计 [M]. 叶齐茂，倪晓晖，译．北京：中国建筑工业出版社，2010. 整理。

2.1.1　初始诉求来源于地产所有者

田园郊区运动及乡村设计中，当时的地产所有者希望结合土地使用、景观及建筑来创造物质空间的环境艺术，以此来塑造邻里和培育社区感。以 1794 年的艾耶尔为例，该方案追求街道和广场的序列安排，组织乡村特色的半独立式住宅，在住宅后设置花园，这样的安排将建筑街区塑造成了一个新的邻里。艾耶尔对英国传统乡村地区的景观风貌形成了深远的影响（图 2–1）。

美国的卢埃林公园建设于 1853 年，其地产所有者是药业巨亨（卢埃林·哈斯克）（Llewellyn Haskell）（1815–1872），他主张对城市的改革，是中央公园的热情支持者，同时又鼓励人们居住在城市以外。他的这个“新居住公园”就是一处为有共同理想的友人逃离城市而设置的“避难所”。它并不脱离于城市而独立存在，只是“为城市人提供乡村的家”。在规划中，通过带状公园的设计，布置小径、小桥、微型瀑布及装饰性的池塘等风景，着力形成具有田园式景观的社区核心，鼓励入住居民的交往与沟通。这个项目被认为“标志着当时美国乡村生活的新时代的到来”（图 2–2）。

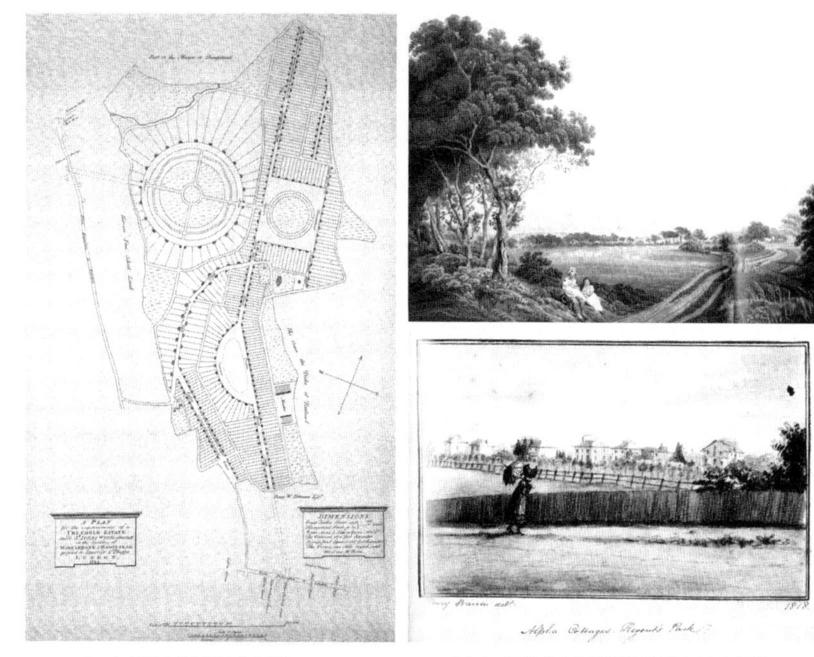

（a）1794 年的规划图纸　　　　（b）19 世纪早期描述艾耶尔的水彩画

图 2-1　艾耶尔田园郊区

资料来源：GALINOU M.Cottages and villas: The birth of the Garden Suburb[M]. Singapore: Yale University Press, 2010.

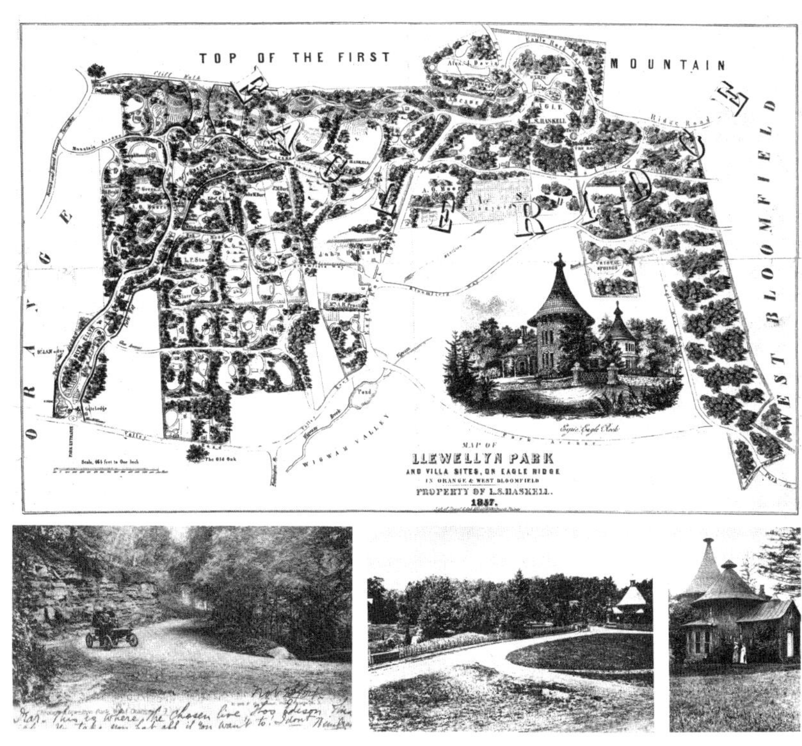

图 2-2　卢埃林公园

资料来源：STERN R. Paradise planned: the garden suburb and the modern city[M]. United States: The Monacelli Press, 2013..

2.1.2 注重社区营造与乡村性

对社区氛围的营造，是田园郊区运动的核心关注点。尤其是发展到较为成熟的阶段后，其典型代表作均试图在总体布局上强调通过良好的规划使各个建筑形成互相之间的关系，并开始考虑处理机动车交通的影响，强调带有花园的住房的良好环境，为居民相互之间的交往创造公共空间，并最终形成良好的社区氛围。

以汉普斯特德田园郊区为例，该项目由亨利埃塔·巴尼特夫人（Dame Henrietta Barnett）发起。巴尼特夫人最初的服务目标是工作在伦敦而居住在此的工人阶级。她希望在这个社区里："第一，拥有精致和有益健康的带有花园的住区，以及工人及职员使用的开放空间……第二，有一个有组织且设计良好的规划，使每一个住宅都能够跟其他住宅形成布局上的关系……我也希望在这里生活的人们能够互相了解，穷人和富人可以互相学习……"规划方案体现了传统英国及北欧村庄的意象，交通方面通过较窄的道路来限制交通，减小步行交通的危险性，并考虑塑造连续性的、具有视线焦点的街道景观（图 2-3）。

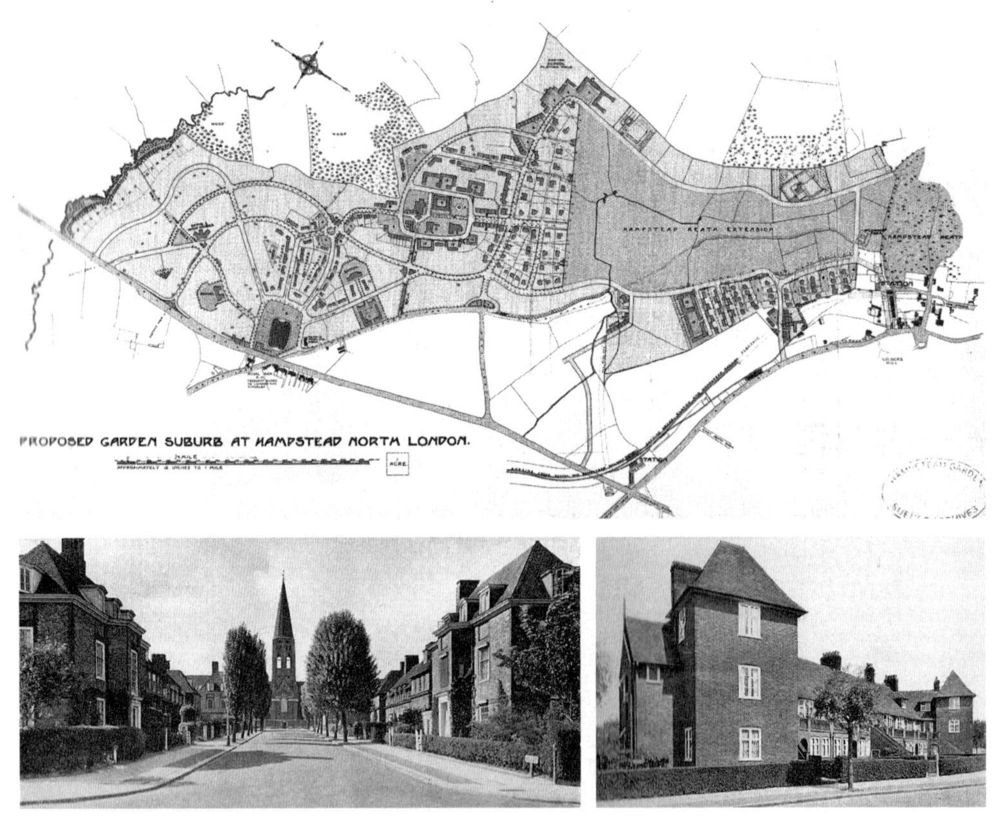

图 2-3　汉普斯特德田园郊区

资料来源：STERN R. Paradise planned: the garden suburb and the modern city[M]. United States: The Monacelli Press, 2013.

汉普斯特德地区至今仍保持着原规划的布局形态和良好的建筑与环境品质，现已成为伦敦著名的富人区之一。[39]

在注重社区氛围营造的同时，对环境品质中乡村性的体现，是田园郊区运动的关注重点。在保留乡村性特征方面，主要的设计手法可以概括为两种：一是保留与利用基地原始自然资源条件，利用基地景观资源，合理界定体现自然特征的开放空间体系；二是协调建筑与开放空间的关系，体现郊区社区区别于城市社区的空间感受与景观认知，建筑组团的布局、街道走向、对外交通流线组织等布局要素均需要在开放空间骨架上予以协调。

森林山公园项目是这两点的突出体现。建设于 1909 年的森林山项目被认为是美国完成度最高的田园郊区，其规划师是奥姆斯特德兄弟。方案沿着从东南侧铁路站点到西侧森林公园的一条连续流线展开，隐喻着从城市到乡村的一段“旅程”。汽车在那个年代还只是少数富裕阶级的玩物，铁路站点是该社区最重要的门户节点，由四周建筑进行围合，表现出明显的城市特征。距离铁路站点越远，社区的乡村特征越明显。方案规划了绿色空间，并在组团内规划了为儿童使用的围合的私人公园。

森林山是美国田园郊区理想的杰出体现，它力求在郊区创造出社区生活，体现出了在城市化快速扩张的过程中，一个精心的规划能够增强社区的乡村性特征（图 2–4）。

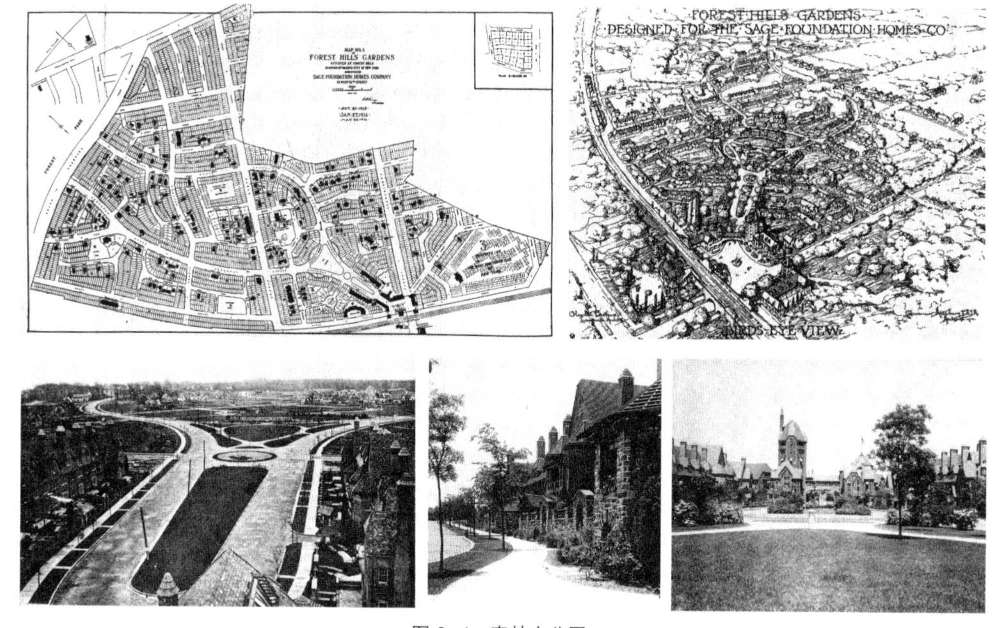

图 2–4　森林山公园

资料来源：STERN R. Paradise planned: the garden suburb and the modern city[M]. United States: The Monacelli Press, 2013.

2.1.3 发展目标是地产价值的提升

由于发展主体诉求来自于地产所有者，所以这一阶段的乡村规划目标是实现地产价值的提升。其设计理念中的社区感、乡村性等追求也都是建立在这一基础之上的。当设计理念与实现价值提升的规划目标产生冲突时，设计理念会让位于发展目标的实现。这在美国私人汽车阶段的田园村庄具体案例中可以得到明显的体现。

始建于1923年的橡树河已经被称为“城市里的郊区”(suburb inside the city)、“郊区景象的城市空间”（urban space as suburban scenery）。这些变化源于对于速度的屈服：“艾伦公园大道为休斯敦带来了现代化的在城市中自由移动的体验，其超越了19世纪的机械运作的速度……橡树河属于未来的休斯敦，而不是过去。”从这些关键词来看，田园郊区的理念受到了私人汽车带来的新时代的巨大冲击。田园郊区理论中的乡村性让位于城市性，社区感让位于速度（图2–5）。

与此同时，为实现地产价值的最大化，在政府部门的推动及大量释放的私人住宅需求的双重压力下，标准化、蔓延式的分区规划在美国逐渐成为主流形式。开发主体的投机性目标开始出现，传统的包含居住模式、道路交通、开放空间、步行道设计等诸多因素的整体性规划模式被摒弃，造成了“分区规划战胜规划”的现象。普遍性出现的郊区蔓延现象带来了对社区感及环境品质的巨大冲击。

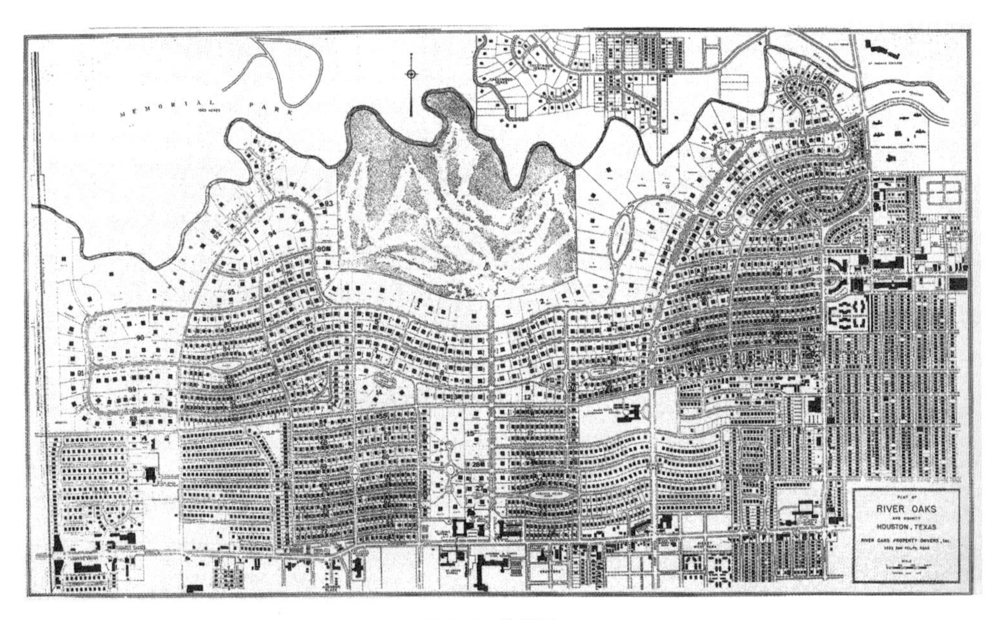

图2–5　橡树河

资料来源：STERN R. Paradise planned: the garden suburb and the modern city[M]. United States: The Monacelli Press, 2013.

2.1.4 设计师追求乡村社区地方性特征

针对“分区规划战胜规划”的现象，乡村设计师出于美学与保持乡村社区景观及空间尺度特征的目的而展开了一系列规划实践。

以博诺于 1991 年在宾夕法尼亚的科斯摩斯庄园设计为例，图 2–6 中的左侧为 1989 年按照镇分区规划指标所做的方案，代表了土地所有者的开发诉求，右侧并没有改变住宅总数，但通过借鉴传统城镇密度、强调人的尺度与景观层次、增加公共开放空间以及公共服务设施等设计理念，创造了完全不同的城镇空间结构与景观效果（图 2–6）。

乡村设计理论开始从空间尺度与各景观要素之间关系的视角出发，试图抵制“城市性”在乡村地区的过度泛滥，通过土地混合使用，建筑、景观与公共空间增加设计细节，道路系统设计以降低速度等方法，保持乡村地区项目的传统尺度，从而保持地方社区的多样性特征。

以新泽西州丹佛镇设计为例。图 2–7 中左侧为传统分区方案，居住单元围绕一个巨大的停车场展开，右侧为调整方案。同样，在开发建设总量不变的前提下，调整方案适当减小了建筑物的尺度，增加了街道景观的连续性与多样性，通过统一的前院后退红线形成具有社区感的内部道路，以避免干扰视线的大型停车场的出现，同时设置了集中的公共活动场地（图 2–7）。

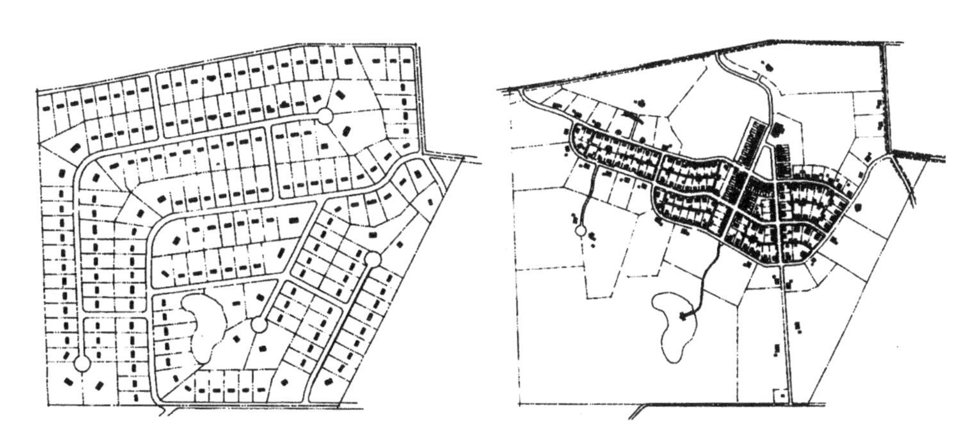

图 2–6　宾夕法尼亚科斯摩斯庄园设计

资料来源：兰德尔・阿伦特．国外乡村设计 [M]. 叶齐茂，倪晓晖，译．北京：中国建筑工业出版社，2010.

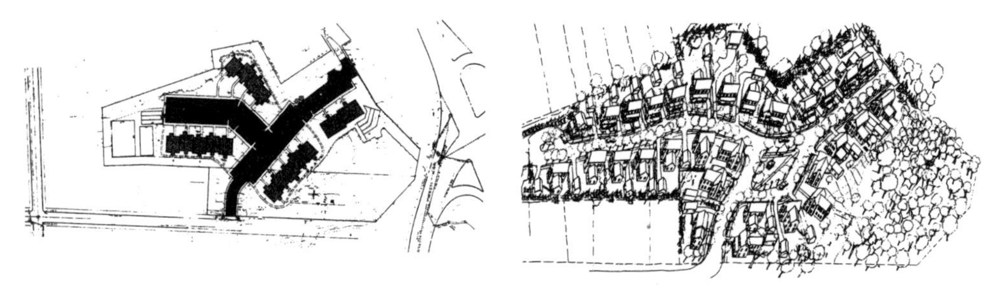

图 2-7　新泽西州丹佛镇设计

资料来源：资料来源：兰德尔・阿伦特 . 国外乡村设计 [M]. 叶齐茂，倪晓晖，译 . 北京 : 中国建筑工业出版社 , 2010.

2.2　多学科拓展阶段的特征分析

2.2.1　乡村网络体系的地理学分析

地理学早期的杜能圈、中心地理论是最为经典的研究成果。[40] 中心地理论模型与传统的“集镇—自然村”格局相吻合。以我国长三角区域集镇分布为例，由于农业生产的单一性与同质性，产生了交易的需求，由此出现了一天出行范围的集市系统，并在集市系统的基础上发展成为集镇。

在地理学对乡村规划的影响中，中心村是重要的概念与规划手段，其区别于自然村与行政村，强调“是经过规划建设形成的具有一定规模和相应的社会服务设施、基础设施的农村居住社区，是具有一定规模的农村集中建设区”。[41] 可以看出，中心村在我国主要是基于公共配套服务的一个概念。在实际运用中，通常是通过将分散的乡村人口适度集中，从而达到公共设施配套的规模经济，以此提高该地区的生活服务水平。[42]

中心村理论出现的背景是对小农状态的改造。

小农社会，是普遍存在于传统农业社会中的乡村生产生活状态，其具有“自给、自足、自闭”三个特征。[43] 传统小农依赖以土地为基础的自然经济，生产生活上基本完全自给自足，以家庭为单位进行劳动生产，基本不在劳动环节进行家庭以外的分工。这样的生产生活方式，使小农社会形成一个封闭、内向的社区。

中心村实践鼓励规模经营，首先就是平整土地，大面积兴修水利，最后把现有的分散居民聚集在一起。也就是在集镇和自然村这两个层次里，希望能够把自然村更多地合并为中心村，然后给它适当的公共设施配套，让大家适当地集中，再让一部分人集中到小城镇，这是一个基本的思路（图 2-8）。

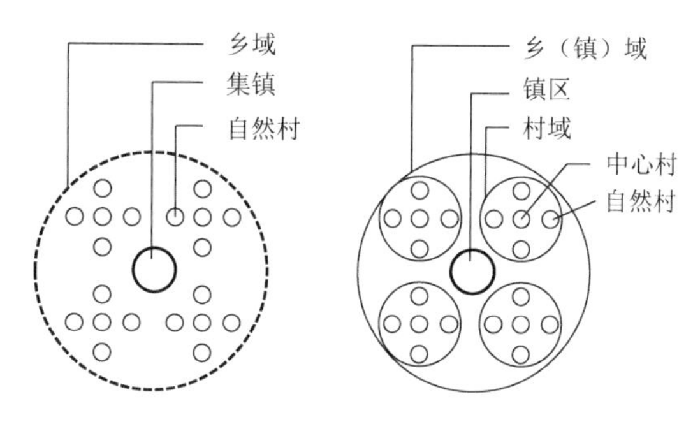

图 2-8　中心村示意图

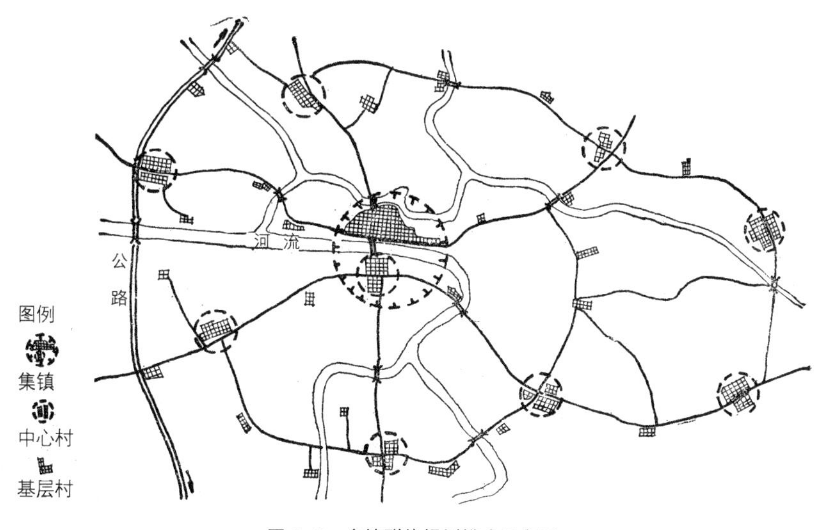

图 2-9　乡镇群体规划模式示意图
资料来源：汪庆玲 . 乡镇规划与建筑设计 [M]. 北京 : 水利水电出版社 , 1987.

受地理学研究的影响，在乡村规划中，出现了总体规划的层次，“将一个乡社范围内所有的村庄和集镇作为一个有机整体，通盘考虑其地理分布、人口规模、发展方向和相互之间的联系问题”。[44] 其在我国乡村规划理论模式的发展中也可大致划分为两个阶段：一是 20 世纪 80 年代后普遍采用的“一般基层村—中心村—集镇”的三级群体系统；二是 2000 年后以城镇体系为构架的“中心村—基层村”的低密度结构。

20 世纪 80 年代后普遍采用的“一般基层村—中心村—集镇”的三级群体系统的规划理念，主要的考虑因素是整合集镇与村庄规模，在此基础上增加耕地面积，有利生产。当时认识的乡镇，包括村庄和集镇这样两个相对独立并具有不同功能的实体。村庄，主要是广大农民为进行生产和生活而聚居的场所；集镇，除以上功能外，还是农副产品和工业产品的集散地，担负着城乡交流和生产、生活活动的双重功能。通过村庄的适度合并，形成若干中心村，主要的规划目标是整合耕地资源，提高生产能力（图 2-9）。[45]

以 20 世纪 80 年代的湖北省京山县村镇分布规划为例，京山县全县原有自然村 9462 个，占地 11.3 万多亩；集镇 54 个，占地 5.7 万亩。经过规划，全县的村庄合并为 4285 个，占地 6.5 万亩，减少用地 4.8 万亩；集镇因为有较大发展，规划用地 6.4 万亩，增加用地 0.7 万亩。增减相抵，全县尚能腾出耕地约 4 万亩（图 2–10）。[44]

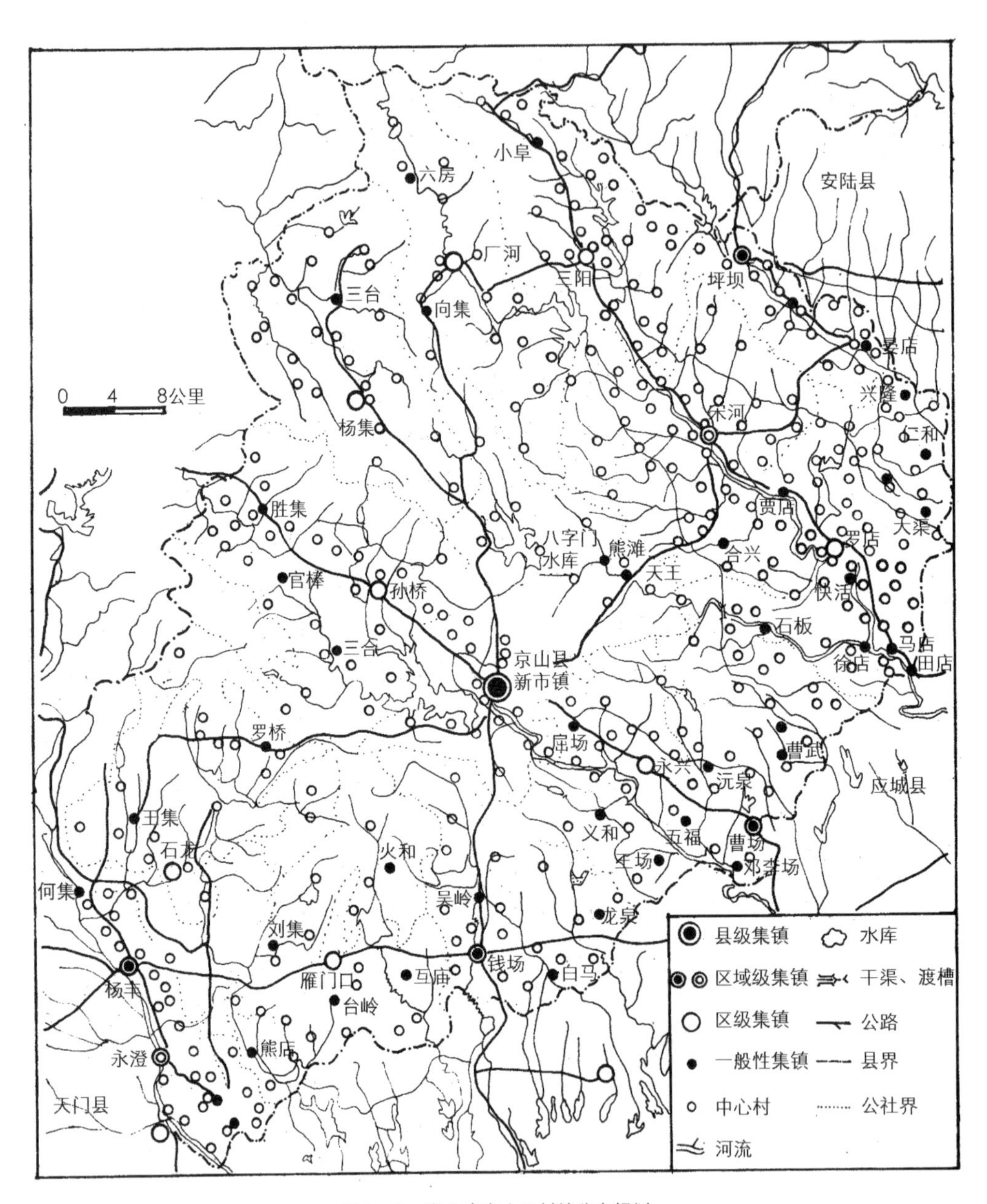

图 2–10　湖北省京山县村镇分布规划

资料来源：袁镜身 . 当代中国的乡村建设 [M]. 北京 : 中国社会科学出版社 , 1987.

在增加耕地、提高生产的基础上，中心村理论进一步结合增长极、点轴开发等经济地理学的研究成果，更加趋向于指导区域整体社会经济的发展，作为地区发展的促进手段。

以广西壮族自治区苏圩镇域村镇空间结构规划为例，可以看出，空间发展轴线开始在村镇规划中占据主要地位。规划以南宁市—苏圩—扶绥县及南宁市—苏圩—凭祥市两条公路交通线为村镇发展轴线，苏圩位于两条轴线交会处，成为全镇核心，布局四个中心村，用以带动东、西、南、北四个片区的发展，各片区均有公路与各村庄相连。规划期望通过发展轴线接受南宁市的辐射，并将苏圩镇的社会经济影响辐射到各级中心，从而带动全镇的社会经济发展（图 2–11）。[46]

中心村理论在实践中发展出撤乡并镇、三个集中、迁村并点等政策，通过政府自上而下的实施推进，使乡村空间分布格局转变为以城镇体系为基本构架的“中心村—基层村”结构，这实质上是降低了乡村地区的聚落分布密度。

中心村理论相对忽视非经济因素的内容，忽视原有乡村社区的社会结构及历史文脉，尤其是对乡村社区居民的发展意愿与经济能力没有予以充分的考虑，导致实施效果不佳。

以上海市张泾村为例，张泾村在 1991 年编制了《张泾村村域规划》，将分散在村域内 27 个自然村的 340 户搬迁到规划的村域中心生活就业综合区，以节约建设用地和基础设施投资，当时计划用十年时间来实施这项规划。但是，2000 年的追踪调查表明，虽然在村外买房居住的村民很多，但基本都迁居至洞泾镇区与松江区城区，没有

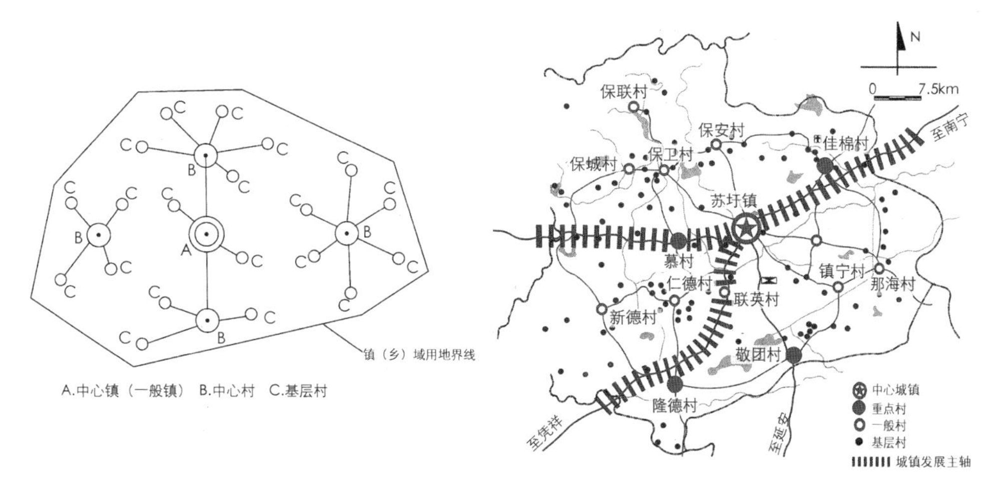

（a）村镇体系空间结构示意图　　（b）广西壮族自治区苏圩镇域村镇空间

图 2–11　镇村体系规划理念与实践

资料来源：中国城市规划设计研究院 . 城市规划资料集 · 第三分册 · 小城镇规划 [M]. 北京：中国建筑工业出版社 2005.

一户村民迁居至规划的村域中心生活就业综合区。分析其原因：一是忽视了乡村社区住宅建设活动的自然周期规律，二是资金保障的缺乏，农民没有能力担负补贴之外的费用，三是规划的中心村的选址与村民的务工需求不相适应。[47]

综合来看，地理学对乡村规划的影响，主要体现出外生发展的特征，发展的诉求来自于政府部门改善小农状态、发展经济的考虑，在规划实施的过程要素中，乡村社区、自然环境、地方文化、实施可行性等均不作为重点考虑因素（表 2–3）。

地理学对乡村规划的影响的剖析 表 2-3

外生发展特征的表现	
经济增长的诉求	政府部门改善小农状态、发展经济的诉求
政策资本的介入	推进过程以政府行为为主体，统一规划、统一实施，较少考虑乡村基层组织在规划编制与实施过程中的地位与作用
单一要素的提高	仅考虑增加耕地与县域经济发展，忽视原有乡村社区的社会结构及历史文脉，尤其是对乡村社区居民的发展意愿与经济能力没有予以充分的考虑，导致实施效果不佳
经济指标的提高	以经济增长、节约耕地为目标，较少考虑乡村社区地方人群的实际需求

2.2.2 城乡关系的经济学分析

经济学研究对乡村规划的影响，分为观点对立的两个立场，一是城乡二元结构理论及其衍生观点，二是城乡一体化及城乡统筹理论及其实践。

1. 城乡二元结构理论体现出外生特征

城乡二元结构理论作为经济学的研究，在 20 世纪 50 年代左右开始大量地出现。20 世纪 50 年代法国经济学家弗朗索瓦・佩鲁（F.Perroux）提出的增长极理论是比较早出现的城乡空间二元理论。同样在 20 世纪 50 年代，刘易斯在《无限劳动力供给下的经济发展》中提出的发展中国家农村劳动力流动模型、缪尔达尔的循环累积因果理论、20 世纪 60 年代的核心边缘理论等，都是以城乡二元视角研究城乡差异与关系的代表。此后，增长极理论又发展出了点轴开发理论等具体的应用模式，并影响了世界各国乡村政策的制定与方向。

我国的城乡二元结构理论主要研究二元结构产生的原因、过程及其产生的“三农问题”。

中华人民共和国成立后，为了从根本上提高国家生产力，我国采用了优先发展重工业、城市的方式。在这个过程中，国家工业化的原始资本积累主要来源于国家的农业剩余。[48] 由此导致国家工农业剪刀差不断扩大，乡村地区经济发展水平低、经济积累不足，城乡差距不断扩大。[49]

根据城乡二元结构理论进行分析，三农问题的实质“在于资本收益导向的市场经济条件下必然出现的生产力三要素净流出而导致农村经济衰败的普遍规律”。这个城乡分割、对立的二元社会经济体制是国家工业化的资本积累的制度成本，而在计划经济转向市场经济的过程中，这一矛盾又进一步被强化和固化。[50]

城乡二元结构及其衍生观点的主要特征如下：

1）发展诉求来自于国家层面自上而下地缩小城乡差距的因素

针对我国的城乡二元结构与“三农问题”，代表性的经济学理论为林毅夫的“拉动内需说”，认为城乡市场的发育不完全，尤其是基础设施的不足，限制了乡村地区的消费能力的提高，并由此提出农村基础设施建设有助于推进农村现代化和缩小城乡差距。[51] 这就需要国家层面推进相关政策，采用外生性的力量，通过投资来驱动城乡市场的发育，最终带动乡村发展。

2）涉及对区域城乡市场的考虑，但不关注乡村基层组织在发展过程中的作用

城乡二元结构理论希望通过培育完善的城乡市场体系带动乡村地区发展，但认为发展的动力来自于国家自上而下的带动。这种理念影响了国家政策的制定。2004 年党的十六届四中全会上，“工业反哺农业、城市支持农村”正式成为国家发展政策，开启了全面利用外力、以工促农、以城带乡的发展阶段。乡村社区的基层组织，在这个过程中始终处于边缘地位。

3）以乡村地区经济增长为途径，以国家经济增长方式转变为目标

城乡二元结构理论体现出明显的经济增长观的理念，认为通过外部的带动作用能够实现乡村地区的发展。各类资金与资源开始向乡村地区倾斜，并利用社会主义新农村建设的契机，试图通过“三农”发展来维护国家稳定，促进国民经济向内需拉动型增长方式转变。[52]

综合来看，城乡二元结构理论对乡村发展的影响，主要体现了外生发展的理念。发展的诉求来自于国家缩小城乡差距、拉动内需并调整国民经济增长方式的考虑，以经济增长为途径，忽视乡村组织的作用，强调自上而下的外力作用的重要性（表 2–4）。

城乡二元结构理论对乡村发展的影响的剖析 表 2-4

外生发展特征的表现	
经济增长的诉求	国家层面缩小城乡差距的考虑
政策资本的介入	认为发展的支撑要素在于外力，强调以工促农、以城带乡，发展过程中乡村社区的基层组织的力量处于边缘地位
单一要素的提高	体现出明显的经济增长观的理念，认为通过外部的带动作用能够实现乡村地区的发展
经济指标的提高	试图通过“三农”发展来维护国家稳定，促进国民经济向内需拉动型增长方式转变

2. 城乡一体化及城乡统筹理论注重过程层的内生特征

城乡一体化及城乡统筹理论的研究，一般认为起源于 1987 年加拿大地理学家麦吉（T.G. McGee）的“Desakota”概念。麦吉观察到亚洲地区不同于欧美的大都市区空间结构的特征，最初称之为“Kotadesasi”，之后简化为“Desakota”，意义为乡村城镇化的过程。[53] 麦吉的“Desakota”概念，实质上就是城乡之间的统筹协调和一体化发展的表现形式。[54]

之后，城乡一体化及城乡统筹研究逐渐成为经济学关注城乡结构问题的重点，同时也成为各国政府政策重点，用以解决城乡发展中面临的问题。

关于城乡一体化与城乡统筹之间的关系，并无明确定论，被比较普遍接受的一种解释是“城乡统筹发展的直接目标是实现城乡一体化”。[55] 通过制度创新与相关政策的扶持，协调城乡关系，通过促进城乡经济社会联系的方式，带动乡村地区自身的发展。城乡统筹的国家政策带来了乡村规划类型、内容、方式方法的变化。[56]

城乡一体化与城乡统筹理论，应用于乡村发展，并对乡村规划产生了影响。主要体现在两个领域：一是由于城乡统筹规划的出现，乡村地区的重要性与作用开始受到理论关注；二是强调对于乡村社区地方特征的保护及鼓励地方参与的动力。

这一阶段主要表现为以下特征：

1）发展的初始诉求来自统筹城乡发展的因素

与城乡二元结构理论相同，城乡一体化与城乡统筹理论的研究及实践也是以国家层面的发展诉求为起点的，只是由于具体理论观点的不同，在对于乡村社区作用的认识、保持乡村社区本土性特征与发展活力等方面产生了差异。

2）开始重视乡村地区的重要性，对产业发展、环境保护等方面予以重视

2007 年，《国家发展和改革委关于批准重庆市和成都市设立全国统筹城乡综合

配套改革试验区的通知》发布，批准设立重庆市和成都市全国统筹城乡综合配套改革试验区。

以成都市为例，城乡统筹规划的重点领域为：城乡空间发展一体化规划、城乡产业发展一体化规划、城乡生态环境保护一体化规划、城乡公共服务一体化规划、城乡基础设施一体化规划、城乡规划一体化六个方面。[57]

落实到乡村规划的编制方法与内容上，以城乡区域范围内全域空间为对象的“全覆盖”成为一种规划的模式与工作方法，目的在于对规划区域内的全部要素进行资源整合，从城乡结构的整体视角实现城乡均衡发展（图 2-12）。[58]

3）注重乡村社区的营建，注重乡村地方特征的保护

在成都市城乡统筹规划编制体系中，农村新型社区层面的规划类型被定位成“社区建设规划”，并在实践中提出新农村建设的“四性原则”，即：

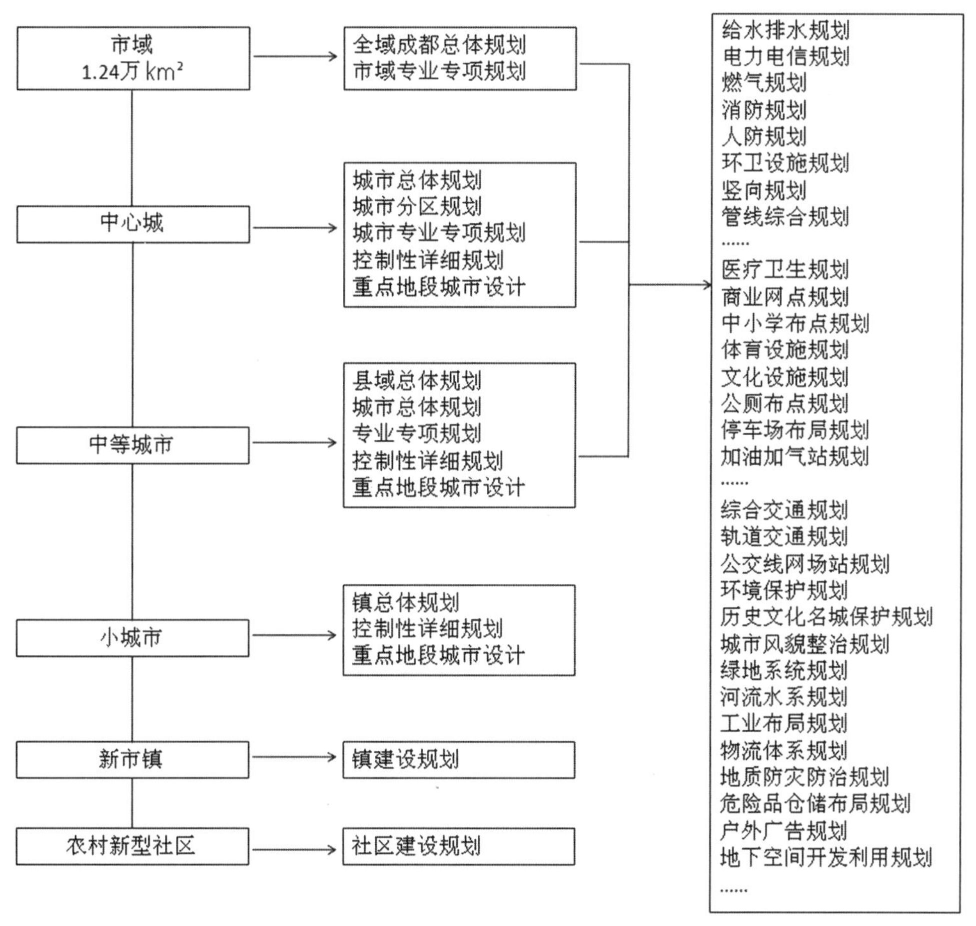

图 2-12　成都市城乡统筹规划编制体系

资料来源：赵钢，朱直君．成都城乡统筹规划与实践 [J]．城市规划学刊，2009(6): 6.

要与农业生产、产业发展相结合，兼顾农村生产生活近期需要和长远发展，突出产业支撑，充分体现发展性；要紧密结合并利用好自然地形地貌，民风民俗，在建筑布局、形态、环境、材质、色彩等方面塑造特色，务求风貌的多样性；要保护并利用好川西林盘等自然资源，实现与林盘、田园、山林、水体等自然环境的和谐共融，体现相融性；要与城镇共享公共服务和基础设施，落实公共服务和基础设施的配置标准，实现共享性。

4）开始鼓励乡村社区的参与动力

成都实践中提出“非城市建设用地”概念，认为要以“生态为本，产业为核，特色为魂”的指导思想，走一条“生态、健康、休闲、观光”的非城市建设用地的“大建设”“大发展”之路。

其中，成都“五朵金花”乡村旅游发展模式是一种综合的运行系统，可概括为“政府主导、产业带动、公司运作、农户参与”。在政府主导下，建立了多渠道投融资机制；通过产业置换和失地村民的集中安置，实现了土地的产权分离，村民的土地通过新型集体经济组织集中后委托投资公司统一经营，农民根据所持股份以及从事旅游接待等获得租金、薪金、股金和保障金“四金”收入；依靠花卉种植，发展现代农业产业，打造以各色花卉为主题的花卉景区，吸引游客，实现了农业与旅游产业的结合，通过乡村旅游发展创造了新的经济增长点，实现农业向多元化经营转化，促进新农村的建设。

综合来看，城乡一体化与城乡统筹理论，对乡村地区的重要性开始予以充分的重视。在发展过程中，基本能够考虑实现经济、社会、生态、文化的综合发展，同时开始重视与引入乡村基层经济组织的作用，作为乡村发展的新的内生动力。但是这一阶段的发展诉求依然是来自于国家层面自上而下的考虑，发展目标也还没有落实到乡村之人的自我发展上，而是以实现社会主义新农村的国家宏观政策为目标。

这一阶段总体上形成了过程层体现出内生特征、主体层体现出外生特征的复合模式，但由于从规划主体、组织实施、规划目标等方面依然保持有外生发展的主要特征，所以从本质上讲，城乡一体化与城乡统筹理论依然是偏重于外生发展特征的一种思考（图2-13）。

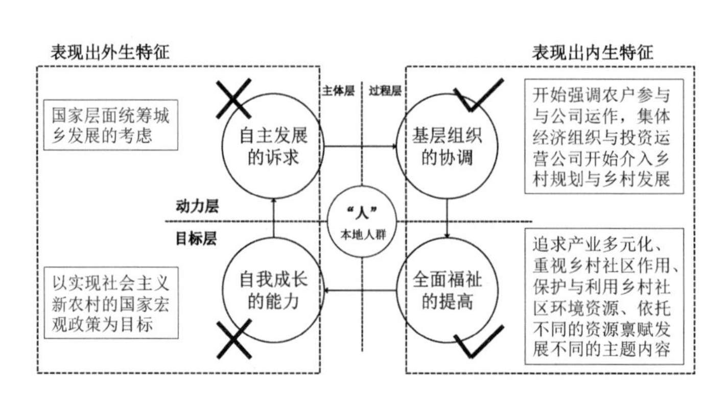

图2-13　城乡一体化与城乡统筹理论的特征剖析

2.2.3 乡村社会学及乡村管治

农村社会学起源于 19 世纪末 20 世纪初的美国①，在中国的确立是在 20 世纪 20 年代末 30 年代初②。农村社会学认为“具体的社区”是研究社会的切入点，指出：“以全盘社会结构的格式作为研究对象，这对象并不能是概然性的，必须是具体的社区，因为联系着各个社会制度的是人们的生活，人们的生活有空间的坐落，这就是社区。每一个社区有他一套社会结构，各制度配合的方式。”

1. 我国乡村社会学的发展

自 20 世纪 30 年代农村社会学在中国确立了学科地位后，中国的农村社会学取得不断的发展。改革开放后，中国农村社会学研究的范围大致包括三个方面：

一是农村经济社会结构方面的研究，如“三农”问题、农村社会结构、农民社会参与及政治民主进程、农村现代化等；二是农村社会变迁方面的研究，如小城镇与农村工业化、农村城镇化、农村发展模式、农民迁移/移民研究等；三是农村社会问题研究，如农村教育问题、农村剩余劳动力转移问题、农村医疗卫生、文化建设、留守儿童、留守妇女、留守老人等。[59]

从内生发展特征的角度进行剖析，农村社会学对乡村规划理论的影响主要表现为：

1）对乡村之人发展的重视

与经济学相对立，对于“三农”问题，农村社会学将“人”作为其主要的关注对象③，认为：“三农问题的核心是农民问题。”“农业问题已经基本解决，但农民、农村问题依然严重。”[60] 它还认为三农问题中农民问题的根源是结构问题，加之户籍制度等的限制，更加深了这一问题的严重性 。

2）关注乡村社区基于农业产业的特点产生的独特的社区结构关系

农村社会学对于小农状态的关注，是以农业生产的客观需求为出发点的，与经济学的视角截然不同，认为农业的发展摆脱不了自然环境规律和生物生长规律的限制，农业的劳动方式没有根本性的变化，“家庭经营最适合农业的条件就不会发生变化”。[61]

---

① 1915 年威斯康星州立大学的查尔斯·葛文宾（C. Galpin）发表的《一个农业社区的社会解剖》研究报告，被认为是首次用于农村地区的、系统性的农村社会学研究。

② 中国第一本《农村社会学》教材于 20 世纪 20 年代出版。20 世纪 30 年代，吴文藻总结了农村社区研究的方法，倡导采用西方现代社会科学的方法来调查、解释和解决中国本土的社会问题。

③ “人们把吃饭问题看作经济问题，是十分浅陋的认识。农业首先是生存问题，经济可以不增长，生存必须时时保障，生存问题要高于经济问题。”——朱启臻，赵晨鸣《农民为什么离开土地》。

基于农业生产方式的特殊性，农村社区实际上存在着基于土地的特殊的社区结构特征。费孝通通过对传统江南圩田灌溉制度的观察，发现在圩田中，庄稼的存活主要依赖于水的管理，过多或过少都会影响其长势。人们采用整理地面高程、安装水车、修建田埂与水渠等大量的手段，目的就在于使每一小块田地都能够得到平均的灌溉（图 2-14）。[62]

再以江南地区某村宅基地与家庭承包责任田空间分布关系为例，村民小组在对每一块责任田的肥力、灌溉条件、可达性和与宅基地的距离等进行分类和综合评价后，依照评价结果，将责任田公平地分包到每个农户，使每户都会分配到距离其宅基地较近、较远、较高、较低的土地。如果将每一户宅基地和其分配到的责任田连线长度相加，可以看到几乎每户的劳作距离是相等的。由此可以看出乡村社会内部自组织在资源分配中的重要作用，这种平等的运作方法是村庄得以维系的内在秩序（图 2-15）。

由于这种平等性的秩序，当乡村规划设计需要对现有村庄结构进行调整时，需要考虑到即使是局部地块的调整，也可能涉及相当多的村民主体，涉及相当多的利益主体，而这些利益主体的权利地位是相同、相关和平等的，这是乡村设计中独有的条件。

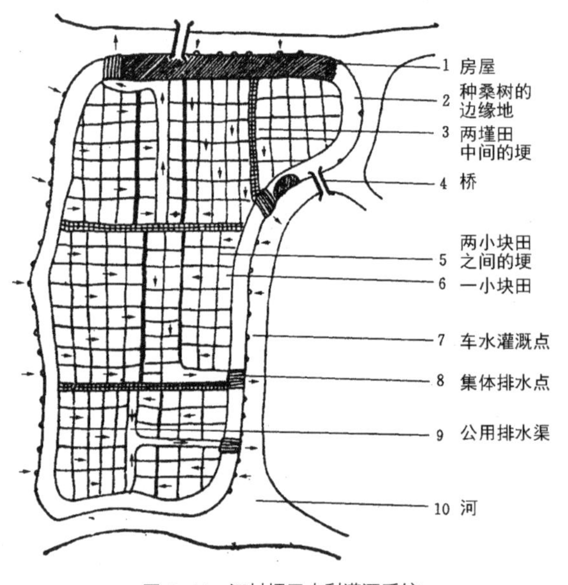

图 2-14　江村圩田水利灌溉系统
资料来源：费孝通 . 江村经济 [M]. 上海 : 上海世纪出版社 , 2007.

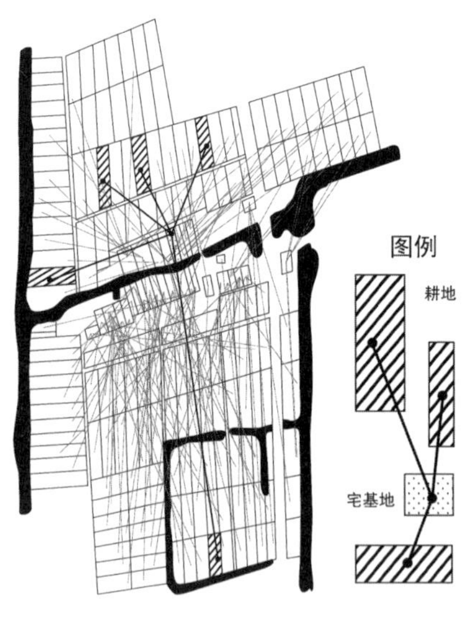

图 2-15　某村宅基地与承包责任田关系示意图

3）重视基于农业生产规律的乡村组织的重要性

由于农业的自然生产规律以及小农经济的特征，在面对如社会治安、小型水利、灾荒救济、纠纷解决等问题时，乡村社会依然需要合作与协调。[63] 从主导乡村治理结构或者影响乡村治理的因素来看，中国乡村社会中承担这种合作与协调的载体的演变可分为三个阶段：一是晚清新政以前，以士绅阶层为主导的乡村治理阶段；二是晚清新政至 1978 年以前，国家权力下沉，逐渐介入并控制乡村治理，以国家建设为手段控制乡村的阶段；三是 1978 年后，小农逐渐社会化，市场关系、货币关系和社会关系全面进入乡村并渗透到生产、生活与交往的各个环节的“社会化小农”阶段。[43]

4）重视村民自治的重要性

1979 年，广西壮族自治区合寨村在原先人民公社制度终止，向“分田到户”转换的过程中，为了应对社会管理缺失、治安恶化、社会矛盾增多的问题，通过制定村规民约等手段进行自我管理与约束，取得了一定的效果，被认为是我国村委会恢复与村民自治的发源地。[64]

1982 年底，村民委员会正式载入《宪法》第 111 条，赋予村民委员会及村民自治正式的合法化地位。1998 年《中华人民共和国村民委员会组织法》则确立了我国“乡政村治”的乡村地区治理格局，即在乡镇建立基层政权，对本乡镇事务行使国家行政管理职能，但不直接具体管理基层社会事务；乡以下的村建立村民自治组织——村民委员会，对本村事务行使自治权。这样，在基层农村管理体制中存在着两个处于不同层面且相对独立的权力：一是自上而下的乡镇政府（代表国家）的行政管理权，二是村委会（代表村民）的自治权。

在村民自治的条件下，乡村规划的编制从内容、形式、成果等方面均具有新的特点。在编制内容方面，更加强调对于乡村内村民财产权的明确划分，区分出乡村规划中的公共部分与私有部分，制定有针对性的规划策略；从形式上，不局限于物质空间形态的设计图纸与表达，而更倾向于促进村民了解、参与进而支持规划的实施；在成果表达上，注重可实施性，划分实施权责，明确各利益群体的责任与权利，并注重沟通平台的搭建。[65]

2. 其他国家乡村社会学的关注重点

社会学研究对乡村规划的影响，在西方发达国家逐渐演变成为对于乡村管治（governance）的重视。所谓管治，就是与政府主导相比，更加强调公众的力量与市场的配置作用，而政府的主要职能蜕变为提供一个“良好的环境与规则，并进行监管”。

以英格兰新空间规划模式进行举例说明，从内生发展特征的角度进行剖析，乡村管治阶段主要体现出以下特征：

1）政府关注点的转变

“二战”后，政府的关注点主要分为三个阶段。第一阶段以外生特征为主，主要的考虑因素是增加乡村地区粮食产量、国家控制开发权，以实现快速的战后重建；第二阶段出现了对于内生发展动力与市场作用的重视，并开始出现“市场与规划的摩擦”；第三阶段强调政府在培育地方社区及其民众内生动力方面的引导作用（表 2–5）。

“二战”后英国政府农业政策与规划制定的关注点变化　　表 2-5

时代阶段	主要特征
“二战”后至 70 年代	· 为了战后的迅速重建，土地规划系统（land-use planning system）出现，其目标主要是增加粮食产量、所有的开发均由政府管控； · 开发权是国家权力，在郡一级政府运作，负责规划制定及开发控制
20 世纪 80 年代	· 开始出现对“官僚系统的低效应让位于进取的企业”“减少对于私人部门开发利益的规划控制”的呼声； · 时任的保守党政府奉行“反规划、亲市场”的管理哲学（anti-planning pro-market philosophy）； · 撒切尔主义与经济自由主义，关键词：简化（simplification）、放权（decentralism）、反官僚化（anti-bureaucratic）； · 政策后期遭到了强烈的、跨政党的反对，这一时期表现出市场与规划的摩擦（friction between “market” and “planning”）
工党治下时期	· 1997 年，工党政府成立，经济自由主义成为国家政策； · 工党的目标：形成同时为企业与地方社区服务的体制（为企业提供更快速有效的服务，确保社区民众在影响他们生活的决策中进行充分有效的参与）

资料来源：作者根据 GALLENT N, JUNTTI M, KIDD S, et al. Introduction to rural planning: economies, communities and landscapes[M]. London: Routledg, 2008. 整理。

2）乡村地区的作用受到重视

从 20 世纪 90 年代起，乡村地区的重要性在英国日益得到重视，大量的政府研究机构及地方组织的成立，标志着从国家到地方，对于乡村问题的重视（表 2–6）。

20 世纪 90 年代起英国主要的乡村政策 表 2-6

时间	标志事件	主要的关注重点与政策内容
1995 年	乡村白皮书（Rural White Paper，RWP)	·英国最经久的特征是建立在它的乡村地区基础之上的，该地区目前面临的快速变化需要予以相应的管理 ·四个核心原则： 促进社会公正；为所有人创造均等的发展机会；政府承担福利、健康等方面的必要的社会保障责任；使个人能够参与到影响他们生活的决策中
2000 年	新乡村白皮书（A new RWP）	构建一个宜居的乡村，其中有富有活力的乡村社区，同时能够获得高质量的公共服务。通过 10 个途径来实现一幅不同的“乡村场景”： ·提供关键性的乡村服务 ·乡村服务的现代化 ·提供可负担的住宅 ·提供地方交通解决方案 ·工作的乡村，提供高水平的就业率 ·复兴市镇与乡村经济 ·受保护的乡村，环境得到强化与保育 ·保留具有英国特征的乡村环境 ·确保公众能够共享乡村环境 ·给予村镇地方权力 ·时刻思考乡村
2002 年	DEFRA 成立	·环境、食物与乡村事务部（The Department of Environment, Food and Rural Affairs）成立 ·主要任务是乡村可持续发展，近年来关注气候变化
2004 年	DEFRA 提出“乡村战略”（Rural Strategy）	·支持全英地区的乡村企业，复兴乡村社会经济 ·消除乡村社会隔离现象，促进社会公平 ·保留与强化乡村地区的自然环境价值 主要的原则：更快捷有效地提供公共服务、更顺畅和关注客户需求的服务方式、减少管理机构、清晰职责范畴、在可持续发展的总体框架下促进公众参与

资料来源：作者根据 GALLENT N, JUNTTI M, KIDD S, et al. Introduction to rural planning: economies, communities and landscapes[M]. London: Routledg, 2008. 整理。

3）地方社区力量受到重视

1997 年开始，地方管治（local governance）成为地方政府的工作方式，强调地方政府应当更接近公众，并通过改进政策传递方式提高管理效率。在这样的背景下，乡村地区的社区力量开始受到重视。在地方层面，曾经仅仅作为“干涉”（intervention）的传统规划，其途径与作用受到挑战，“谁主导规划”“规划的目的”“规划是否应该成为社区塑造它们自身未来的手段”等成为讨论议题。

规划不再只是程式化的专业方案，而演变成了地方社区能够积极操作的（actively drive a process）一种“空间管治”（spatial governance）手段，用以实现地方社区发展目标。[66]

综合来看，农村社会学对乡村规划理论的影响体现出明显的内生发展特征。首先，在主体层，农村社会学明确了乡村发展应以本地人群的诉求为起点，达到解决农民问题的目标，并对乡村规划的具体编制方式、内容、形式等产生了直接影响；其次，在发展过程中强调培育地方社区的内生动力，并对乡村基层组织的作用予以重视；第三，追求乡村社区全面的发展，既强调乡村经济组织（如乡村企业）对于复兴乡村经济的重要性，也重视全面实现乡村社区的经济、社会、生态与文化发展。最后，发展的目的是“使个人能够参与到影响他们生活的决策中”，并为所有人创造均等的发展机会（表 2-7）。

农村社会学对乡村规划的影响的剖析　表 2-7

内生发展特征的表现	
自主发展的诉求	注重村民自治的诉求，使个人能够参与到影响他们生活的决策中
基层组织的协调	基于农业生产的资源规律，肯定小农经济的客观作用，同时产生了对于基层组织协调的需要。在历史过程中，有自治组织（乡绅）、国家权力的下沉，也有基于市场关系的经济组织 支持乡村企业，复兴乡村经济
全面福祉的提高	注重乡村经济，强调“工作的乡村” 注重消除乡村社会隔离现象，促进社会公平 保留与强化乡村地区的自然环境价值 重视乡村社区的乡土性特征及特殊的社区结构关系
自我成长的能力	“三农问题的核心是农民问题” 为所有人创造均等的发展机会

2.2.4　乡村生态学及生态村运动

生态系统（ecosystem）一词由英国植物生态学家坦斯利（A.G.Tansley）于 1935 年首先提出。之后，生态学不断发展成熟，对乡村规划的影响，主要是农村生态系统的提出，并出现了永续农业理论、生态村运动、乡村生物多样性保护等理论。从内生发展的视角进行剖析，生态学研究对乡村规划理论的影响主要表现为：

1. 关注农村生态系统的高效能配置

农村生态系统是整个生态系统的重要组成部分。它是农田、种植园场、放牧草原和荒漠、渔业水域、村镇以及农区边际土地等多类型生态系统的总称，是由各类自然生态系统开发出来的，并与各类自然生态系统重叠和交叉分布，它是一种特殊的人工生态系统，兼有自然和社会两方面的复杂属性（表 2–8）。[67]

农村聚落生态系统的基本功能　　表 2-8

	经济	社会	自然
生产	物质与精神原料和产品，中间产物及末端废弃物	人文资源（劳动力、治理体制、文化）	光合作用、营养元素循环、化学能合成、第二性生产、水文循环
消费	自己生产的产品和输入商品的消费，包含生产资料和生活用品	信息的共享、文化氛围、社会福利和基础设施	诱捕、摄食与寄生、侵蚀过程、资源消费与代谢、污染与退化
调节	供需平衡、市场调节、银行干预、税收政策调节	保险、治安、法制、伦理、道德、家教、信仰	自然净化、降解、释放、溶解、扩散与富集，人工处理与生态恢复

资料来源：刘邵权 . 农村聚落生态研究——理论与实践 [M]. 北京：中国环境科学出版社，2006.

永续农业理论最早由澳大利亚生态学家莫里森（Mollison）于 1978 年提出，涉及植物、动物、住房和基础设施（如水、能源和通信），目标是创建一个生态学上合理的并且在经济上可行的系统，该系统能提供它们自己需要的东西，不会被过分开采，也不产生污染。核心理念是通过设计将池塘、住宅、造林地、菜园、防风林等要素配置到正确的地方，从而让系统能够发挥高效能。[68]

永续农业理论在全球范围内产生了广泛影响，并进行了大量的实践，对之后的乡村与城市规划都产生了或多或少的影响作用。它强调良好的设计生成一个自管理系统（self–managed system），运用人类的直觉与洞察力来解决我们面对的问题（图 2–16）。

永续农业设计可以应用到从大尺度到小尺度的各种空间层面，其更多的是一种关于人类生存方式的思想与思考，希望通过良好的设计产生如下的目标：①摒弃浪费与污染的可持续的土地使用策略；②健康的食物生产系统；③退化土地景观的恢复，保育地方物种；④使自然循环中的所有生物和谐共处；⑤能源消耗最小化。[69]

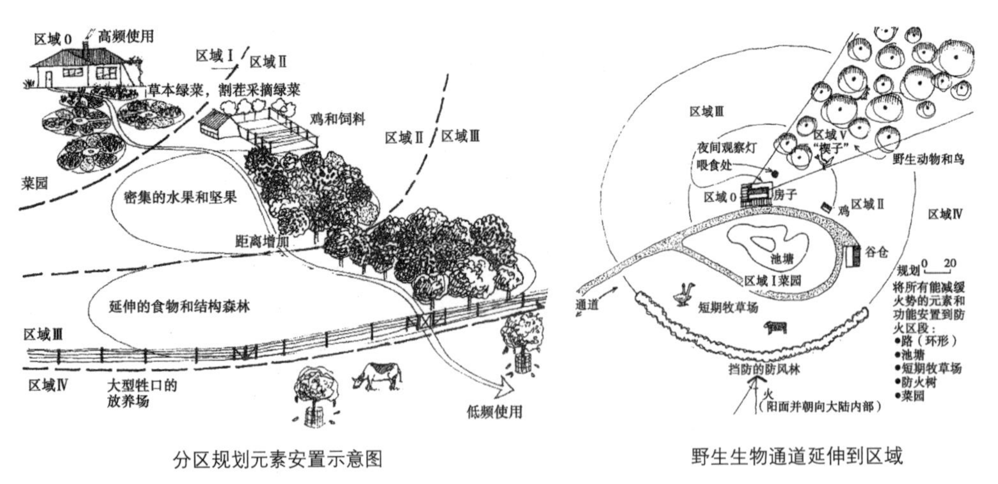

分区规划元素安置示意图

野生生物通道延伸到区域

图 2-16　永续农业理论中的分区规划

资料来源：比尔・莫利森 . 永续农业概论 [M]. 李晓明，李萍萍，译 . 镇江 : 江苏大学出版社，2014.

2. 社会组织开始在各类生态运动中起到重要作用

以英国 BAPs“生物多样性行动规划”（Biodiversity Action Plans）的建立过程及其特点为例，英国对于环境的保护，在 20 世纪 80 年代以前，主要的保护方式是基于指定场地的保护，如国家公园等，但这种传统的保护方式由于不能有效地解决影响这些特定场地的生态与经济问题以及忽视其周边更广阔的乡村地区的生态价值，而没有收到预期的成效，在这期间，英国的自然环境持续退化。

20 世纪 80 年代，部分志愿性环境保护组织开始寻找改变这种现状的变革办法，其中具有代表性的就是皇家鸟类保护协会（RSPB），其设立的宗旨是保护自然鸟类及其栖息地。以《英国鸟类红色数据》（简称《红色数据》，*Red Data Birds in Britain*）为标志，生物多样性保护的方法转向了“目标导向型”。《红色数据》确定了需要保护的鸟类的名录，划定了保护的优先性，划定了需要保护的栖息地范围，并在此之上形成了行动规划，将生物多样性战略明确为可量化的保护目标，包括物种数量、栖息地范围及特定物种的生育率等。

在国家政府层面，1992 年，里约热内卢联合国生物多样性大会上，超过 150 个国家联合签署了生物多样性保护协定，该协定没有采取自上而下的全球决策制度（top-down global decisions），而是将决策权力下放到国家层面。

英国政府签订协议后，环境部（DoE）立刻开始了国家生物多样性规划的编制工作。该工作起初并没有采用志愿性组织目标导向的方法，而是保持原有的传统方式，经过两三年的实践探索，才最终接纳了目标导向的工作方式。其具有代表性的两个文件是英联邦生物多样性行动规划指导组（UK Biodiversity Action Plan Steering Group）于 1995 年发布的两卷报告：《面对里约挑战》（Meeting the Rio Challenge）和《行动规划》（Action Plans）。至此，英国的生物多样性保护规划的框架基本形成，构成了从联邦政府到私人农场的，广泛参与的行动规划结构（表 2-9）。[70]

英国生物多样性行动规划结构体系　　表 2-9

<table>
<tr><th>层面</th><th colspan="4">组织原则与结构</th></tr>
<tr><td>联邦层面</td><td colspan="4">英联邦生物多样性行动规划（1994）
英联邦生物多样性组织（1994-2002）
英联邦生物多样性参与体（2002-）
规定了超过 350 种个体物种行动规划以及 45 处栖息地的行动规划，包括了英联邦地区大部分处于危险中的物种及其栖息地</td></tr>
<tr><td rowspan="2">地区层面</td><td>英格兰
生物多样性组织</td><td>苏格兰
生物多样性组织</td><td>威尔士
生物多样性组织</td><td>北爱尔兰
生物多样性组织</td></tr>
<tr><td colspan="4">组织确保广泛的参与度，一般包括政府及其机构、地方政府、志愿性组织、土地所有者、商业机构等，这些机构各自都能够确定他们需要的项目及其优先性，并能在形成国家级决策的过程中积极地参与</td></tr>
<tr><td>区域层面</td><td colspan="4">区域层面主要适用于英格兰地区，在区域层面，区域 BAPs 主要致力于将对生物多样性的关注与区域组织和自身发展战略进行结合</td></tr>
<tr><td>地方层面</td><td colspan="4">苏格兰与威尔士地区全面覆盖了地方 BAPs 组织，北爱尔兰地区地方 BAPs 的形式以覆盖全地区的战略形式进行组织</td></tr>
<tr><td>农场</td><td colspan="4">私人农场与自然生物咨询组织被鼓励参与农场层面的生物多样性行动规划</td></tr>
</table>

资料来源：作者根据 SELMAN P, BISHOP K, PHILLIPS A. Countryside planning: new approaches to management and conservation (2004) Earthscan,London 1-85383-849-7[J]. Journal of Rural Studies, 2006. 整理。

3. 强调社区发展，并最终实现人的精神的升华

1987 年，盖亚基金会（Gaia Trust Foundation）在丹麦成立，支持生态村和可持续社会的研究与实践；1991 年，罗伯特·吉尔曼（Robert Gilman）在基金会的资助下，对于全球 26 个生态村案例进行剖析，并第一次正式提出生态村（Eco-village）概念。

生态村运动可以理解为一个综合性的关于人类生存与生活方式的实验。其经济上自给自足，将“永续农业”理论作为生态村农业发展的核心理念，同时，社区农业提供的产品主要用于自身使用，弱化市场交易的作用。[71]

生态村运动强调人性化的规划尺度，从而保证邻里社区归属感的建立，在此

基础上提供完善的公共服务与生活服务设施，使生态村成为一个小而全的“微型社会”。在这个社区中，公众直接参与社区治理，成员之间强调尊重、公平、协作。绝大部分生态村最终的目的是实现成员在心灵与精神上的升华，社区会提供教育培训设施、冥想与自修场所等，并鼓励成员间的交流，“志愿的简单生活”（Voluntary Simplicity）成为被广泛认同的价值观。

4. 我国农村生态学的研究进展

我国农村生态学的研究可以追溯到20世纪80年代，1985年由《农村生态环境》杂志创刊，1999年，周道玮等人发表的《农村生态学概论》等一系列论文被认为是较早的系统化的关于我国农村生态学理论的研究。

发展至今，我国农村生态学研究可以概括为以下几个方面：

一是对农村庭院生态系统的研究：认为农村庭院是农村生产生活的重要场所，是中华民族传统农业文化的“栖留地”。主要的研究对象是位于平原地区以农耕为主的农村生态系统，这种系统带有典型的人工生态系统特征。

二是对村落生态系统的研究：在庭院生态系统的基础上，针对不同地貌类型区的村落生态系统的特点、分布模式以及村落与农田及土地利用的关系进行系统研究。相关研究将村落生态系统界定为“以农村人群为核心，伴生生物为主要生物群落，建筑设施为重要栖息环境的人工生态系统”。

三是对村级生态农业系统的研究：基于国际生态农业发展及我国农业生态环境不断恶化的趋势，在20世纪末出现了对生态农业的系统化的研究。从研究对象看，开始关注包括农业在内的整个聚落生态系统，特别是对聚落能量流动和物质循环进行了较为详细的研究。

四是对农村景观生态的研究：以1989年第一届全国景观生态学学术研讨会为起点，主要的研究领域包括土地利用格局与生态过程及尺度效应、城市生态用地与景观安全格局构建、景观生态规划与自然保护区网络优化、森林景观动态模拟与生态系统管理、绿洲景观演变与生态水文过程、景观破碎化与遗传多样性保护、多水塘系统与湿地景观格局设计、稻—鸭/鱼农田景观与生态系统健康、梯田文化景观与多功能维持、源汇景观格局分析与水土流失危险评价等方面。[72]

五是借鉴与推进生态村研究和建设：我国对生态村运动的研究起源于20世纪80年代，从90年代初开始建立生态农业示范点，之后又结合不同类型与格局特色的生态村建设，形成了完整的评价指标体系与方法。

综合来看，农村生态系统研究的主要关注点在于实现系统效能的最大化，减小对于系统外资源的依赖与破坏。以生态村运动为主体，追求对人类生存生活方式的反思。在生态保护的过程中，乡村自治组织的重要性得到重视，从生物多样性保护的具体案例中也能看出，在某些具体领域，乡村自治组织具有相比于政府组织更强的执行能力与实施效果（表 2-10）。

生态学研究对乡村规划的影响的剖析　　表 2-10

内生发展特征的表现	
自主发展的诉求	对人类生存生活方式的反思，形成了生态村运动
基层组织的协调	重视非政府组织的作用，在诸如生物多样性保护等方面，基层组织问题导向型的模式具有更明显的效果
全面福祉的提高	以农村生态系统的效能最大化为原则，考虑减小经济发展模式对外部资源的依赖度，同时追求人与社区的联系，强调尊重、公平、协作，承认乡村社区发展的多样性路径
自我成长的能力	追求人类精神世界的升华

2.3　内生发展特征在乡村规划理论中的体现

2.3.1　乡村规划理论中内生、外生发展特征并存

近现代乡村规划理论的历史流变，主要分为基本理论及拓展理论两个部分，其中基础理论出现于 18 世纪末，部分是以建筑学领域为主体的，包含田园郊区运动和乡村设计两个主要的内容。20 世纪 30 年代左右开始的现代科学的发展使得乡村规划理论拓展了其外延，四大现代科学体系融入乡村规划理论并对其产生影响：一是研究乡村及城乡地区空间结构的地理学分支；二是研究城乡关系的经济学分支；三是以农村社区为空间载体的农村社会学；四是以生态系统理论为基础的农村生态学研究。

这些研究都对乡村规划理论的发展产生了直接或间接的影响，由于各个研究理论视野的不同，其中也表现出了对于内生发展不同的理解与运用，最终形成了乡村规划理论历史流变中内、外生发展特征并存的整体格局。

在乡村规划基本理论中，规划最初的诉求是产生于乡村社区内部的，这个时期的发展主体是地产所有者，在发展过程中及规划中，地产所有者与设计师共同的追求是对于社区活力、生态环境、文化多样性方面的保持与塑造，这些方面体现了内生发展

的特征。但与此同时，这一阶段规划的目标是实现地产升值，当追求财产升值的目标与社区、环境、文化目标发生冲突时，对财产升值目标的追求占据上风，同时造成地产所有者与社区住民、地产所有者与设计师之间发生规划目标的拆离，设计师开始在规划中从专业角度提出自身诉求。这些方面体现出了外生发展的特征。

在乡村规划理论的拓展阶段，地理学、经济学主要体现出了对外生发展特征的重视，社会学、生态学主要表现出了内生发展的特征。

2.3.2 乡村规划理论与内生发展结合的方向

乡村规划理论与内生发展的结合，从学科方向上来看，需要在农村社会学、农村生态学领域进一步借鉴其研究成果与思想，完善乡村规划理论的体系，重点的结合方向可以包括如下几点：

首先，乡村社区的地方人群是乡村发展的主体，其应当参与到乡村发展的全过程中，并在这个过程中保障地方人群的参与权、决策权、收益权。

其次，地方人群主体性作用的发挥，需要建立在完善基层组织协调作用的基础之上，与外生发展自上而下的推动模式不同，内生发展需要培育自下而上的发展诉求，乡村基层组织能够在复兴乡村经济，实现乡村社区的经济、社会、生态与文化协调、可持续发展的过程中发挥积极的作用。

最后，需要对乡村规划的作用与形式进行深入思考，从内生发展的角度，乡村规划是实现乡村发展以及在发展过程中进一步激发乡村社区内生发展动力的一种手段，或者说，乡村规划需要成为促进乡村社区内生动力的平台。

第 3 章　我国乡村规划实践与内生发展结合的途径

3.1　我国近现代乡村规划实践的剖析

3.1.1　规划动力主要来自于外部需求

1. 乡村建设运动

鸦片战争后，中国广大农村被严重破坏。1935 年，据当时中央农业实验所对 22 省 1001 个县的调查，全家离村的农户有 192 万户，占总农户的 4.8%。在国家受凌辱、人民受煎熬的年代，一些文人志士提出：国之不强，农业不振，将导致民族的覆亡。呼吁振兴农村，改造中国。20 世纪 20 年代起，尤其到 30 年代初，救济和振兴农村的运动风靡全国，史称“乡村建设运动”。

这一时期的主要实践有 1904 年米鉴三的定县翟城村实验、1924 年晏阳初的定县平民教育实验、1927 年陶行知的中华教育改进社、1931 年梁漱溟的邹县模式等。

乡村建设运动的内容涉及面很广，主要有八个方面：①兴办教育；②改良农业，其措施：一是改良和推广优良品种，二是防治病虫害，三是提倡副业；③流通金融，向农民发放贷款，解决他们生产上的困难；④提倡合作，组织农民成立各种合作社；⑤办理地方自治，期望还政于民，实行宪政；⑥建立乡村公共卫生保健制度；⑦移风易俗，改革乡村传统陋习；⑧组织社会调查。[59]

从内生发展的角度进行剖析，可以看出，乡村建设运动的初始诉求来源于乡村社区外部，是当时的社会精英群体通过振兴农业与农村的方式达到其救国救民的追求目标。但在具体内容中，有四个方面体现了内生发展的特征：

（1）强调对农民的教育，强调文化的重要性，这可以认为是重视乡村之人的自身发展，希望通过改变传统社会的农村陋习达到提升国民整体素质的目标；

（2）考虑增强乡村社区的经济多样性，在提高农业生产力的基础上提倡发展农副产业，并通过金融流通支持等方式予以保障；

（3）重视乡村价值，强调“使社会重心从都市移植于农村”，同时重视乡村之人的主体性力量，认为乡村的振兴和农民素质的提升是振兴国家、救国救民的根本性出路；

（4）提倡建立包括教育、卫生、文化、互助等多种类型的乡村社区组织，希望以此形式达到增强社区自治能力的目标，并希望以此为基础实行宪政。

乡村建设运动并没有取得预想中的效果，其认为社会问题的根源出自农民落后的观点受到了各方面的质疑与批判，随着中国新民主主义革命的开始而终止。

2. 新村主义

与乡村建设运动不同，新村主义主要是从理论层面和人的精神层面来进行乡村振兴与强国救民的思考。新村主义的主要代表是周作人，他是在针对日本的“新型村”调查的基础上，将其思想理念通过宣传传入中国的。

“新型村”始于 1918 年（大正七年），是一个关于理想社会的讨论和愿景。理想社会的第一条就是从探讨个人理想的交际方式开始，通过协作达成人与环境的共生，构成一个心灵相通、相互理解的世界。当时，“新型村”的创始人武者小路实笃提倡“新型村精神”，其基本点就是建立一个人与环境共生的世界（图 3–1）。

周作人曾经与武者小路实笃联系密切，他在考察了“新型村”的基础上，在《新青年》杂志上发表了一系列介绍“新型村”的文章，进行了大量的宣传与实践，被称为“新

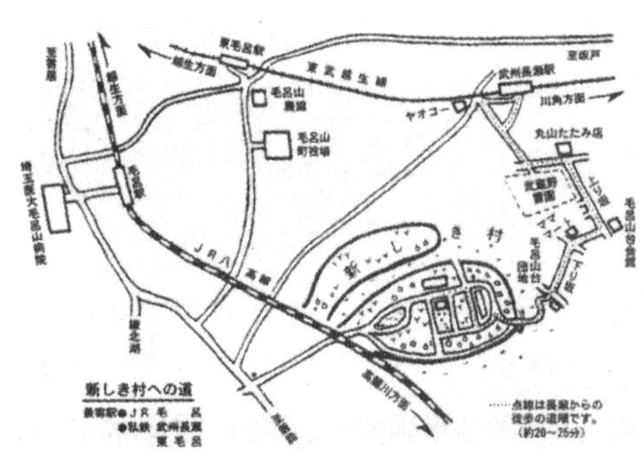

“新型村”规划图纸

“新型村”创建 38 年集会

延续至今的“新型村”

图 3–1　武者小路实笃的“新型村”

资料来源：侯丽．理想社会与理想空间——探寻近代中国空想社会主义思想中的空间概念 [J]. 城市规划学刊，2010.

网络资料：http://atarashiki-mura.or.jp

村主义”。中国第一批马克思主义者如李大钊、毛泽东、周恩来等在当时都表现出了对“新型村”的兴趣。[73]

新村主义在中国产生了一定的影响。其代表人物如王光祈、林育南等均进行了大量的新村实验。新村主义体现了东方文化视角的、基于农村的乌托邦运动，它所宣扬的劳动的理想田园生活，在中国成为通过小团体会员的身体力行实现改革旧社会的理想，希望以“新村”的完善和个人品德的提升带动大国的进步和改良。[74]

虽然在新村主义的理论与实践中都强调对于人的精神世界的追求，但与乡村建设运动相同，新村主义的动力与初始诉求并非产生于乡村社区内部，两者都可以归类为社会精英追求振兴乡村、强国富民的一种外生性的探索与实验。

3. 保障国家粮食生产与工业建设的需求

中华人民共和国成立后，强化国家对经济资源的集中动员和利用，加快推进工业化，特别是优先发展重工业成为核心工作。工业化的资本积累，主要源于本国的农业剩余。[48]

20 世纪 50 年代中期，农业合作化在我国的乡村发展中进入高潮。

当时进行的乡村规划的内容包括：土地规划、生产规划（农、林、牧、副、渔）、收入分配规划、劳动力规划、保证措施规划以及附件（包括文、图、表）。其中“文”包括规划方案、文字说明等；“图”包括现状图、规划图、统计图；“表格”包括播种面积、产量、牧禽头数、产品量、林地面积、收入、支出、核算、效果及农业生产条件等。[75]

以 20 世纪 50 年代《陕西省武功县前进第一农业生产合作社生产规划》为例：一是整理社界；二是根据社内各种土壤的情况规划各类土地利用的方式，绘制土地利用及轮作规划图；三是规划各部门的年度发展计划，确定各类作物的播种面积和产量指标等内容；四是对全社的人力、物力、财力进行统筹安排与规划。

规划中设计轮作的原则是：作物的种类及所占面积依据农业社发展方向决定，既要保证完成对国家的义务，又要满足农业社的需要，作物选择以小麦、玉米、棉花为主，用豌豆进行倒茬，饲料轮作选用苜蓿，保证在增加粮食作物面积的同时，不影响绿色饲料的供应。蔬菜生产需要较好的土壤，规划选择河岸地进行蔬菜轮作，轮作的顺序使每区的前作能为后作创造有利条件（图 3-2）。[76]

在 20 世纪 50 年代，提出了“建设社会主义新农村”。当时的国家社会经济背景是全国 89% 的人口居住在农村地区，社会经济发展落后，解决几亿人的吃饭问题是

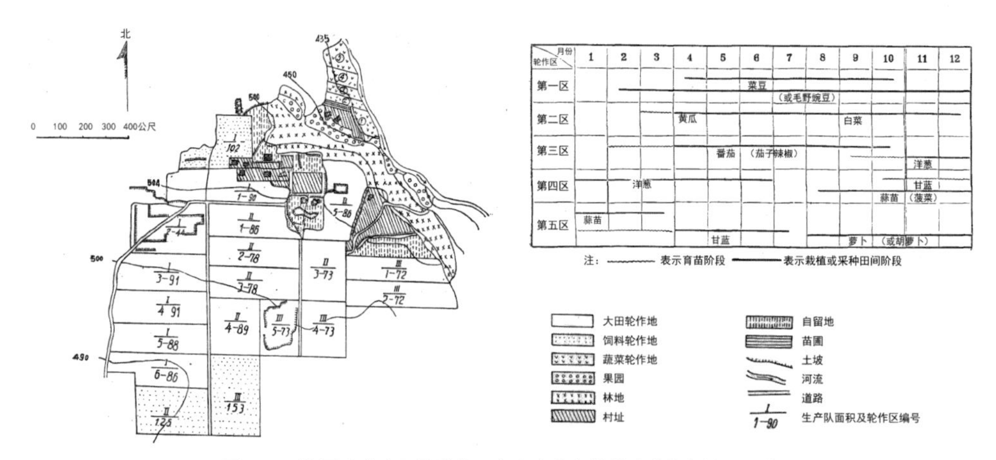

图 3-2　陕西省武功县前进第一农业生产合作社生产规划主要图纸
资料来源：万建中 . 陕西省武功县前进第一农业生产合作社生产规划的研究 [J]. 西北农学院学报 , 1956.

国家的头等大事。20 世纪 50 年代中后期，党和政府提出了建设社会主义新农村的纲领。当时新农村建设的主要任务是依靠自力更生，通过合作化的方式，改善农村生产生活的基本条件和服务，发展农业，尤其是粮食生产，保障基本需求。

这个阶段新农村建设思想集中体现在《1956 年到 1967 年全国农业发展纲要（草案）》（简称《纲要》）中。《纲要》由毛泽东同志亲自主持起草，1956 年 1 月以草案的形式颁布。《纲要》总共有 40 条：前 5 条提出了成立农业生产合作社的目标、条件等；第 6 ~ 24 条提出了促进农业生产，尤其是粮食生产的目标、途径、方式；从第 25 条起，围绕改善农村居住、道路、通信等基础设施条件，加强农村文化、卫生、教育等社会事业发展提出了具体任务。具体内容主要有：一是改善居住条件；二是培养医务人员，建立县、区卫生医疗机构和农村医疗站，除四害，基本上消灭危害人民最严重的疾病；三是在乡一级设立业余文化学校，普及小学义务教育，基本扫除文盲；四是建立电影放映队、俱乐部、文化站、图书室和业余剧团等文化组织；五是建设乡和大型合作社的电话网，普及农村邮政网；六是建成全国地方道路网。[77]

以广东省南海县蟠岗乡社会主义新农村建设中的“五投一献”运动为例，广东省南海县蟠岗乡于 1958 年提出一项计划，即在 80 天内全乡基本上实现农业机械化和农村电气化，规划村村建立沼气发电站和农具修理厂，大村建立自动化肥料厂、综合加工厂、水泥厂、农具修理厂和沼气发电厂。当时据估算，约需资金 75 万元，因此在全乡开展了“一个热烈的‘五投一献’运动”，将全乡的人力、财力、物力、智力高度集中起来，以保证这个革命措施的实现。五投就是投资金、肥料、插苗、废品和建筑材料；一献就是献计谋。[78]

从内生发展的角度进行剖析，这一时期的乡村建设与乡村规划虽然提出了自力更生、自我发展的原则，并以农业生产为引领，强调发挥社员与乡村组织（合作社）的主动性与积极性，但这些表现源自于国家建设与保障粮食生产的外部需求，乡村社区自身诉求在这个过程中实际上处于被剥夺与压抑的状态。为加快重工业发展而实施工农产品价格剪刀差政策，据估计，1950-1994 年剪刀差累计总额约 2 万亿元，乡村地区经济发展水平低、经济积累不足，城乡差距越拉越大。[49]

3.1.2 规划方式主要是自上而下推进

1. 人民公社时期

人民公社的出现是政治、经济、社会、文化等多方面综合而产生的结果。在此，仅从规划专业的研究视角出发，讨论人民公社的理论发展背景。

中华人民共和国成立后的乡村规划与建设，是以马克思主义的相关论点为根本原则的。在马克思、恩格斯论述城乡关系的论点中，从“分工”的视角出发认为是劳动大分工及其产生的城乡对立致使乡村处于长期的贫苦与落后状态。

“一切发达的、以商品交换为媒介的分工的基础，都是城乡的分离。可以说，社会的全部经济史，都概括为这种对立的运动。”

“第一次大分工，即城市和乡村的分离，立即使农村人口陷于数千年的愚昧状况，使城市居民受到各自的专门手艺的奴役。它破坏了农村居民的精神发展的基础和城市居民的体力发展的基础。如果说，农民占有土地，城市居民占有手艺，那么，土地就同样地占有农民，手艺同样地占有手工业者。由于劳动被分成几部分，人自己也随着被分为几部分。为了训练某种单一的活动，其他一切肉体的和精神的能力都成了牺牲品。”

“因此，城市和乡村的对立的消灭不仅是可能的。它已经成为工业生产本身的直接需要，正如它已经成为农业生产和公共卫生事业的需要一样……大城市的毁灭，肯定是会实现的。”①

这些理论直接产生了“消除三大差别”② 中的消除城乡差别的规划思想。

苏联规划师奥克托维奇（M.Okhitovich）的“三角方案”是这种规划思想的典型代表。该理论提出了彻底抛弃城市的概念，被称为“反城市主义者”。建议将人口在

① 资料引自 1983 年天津新华印刷四厂印刷（内部发行）的《马克思恩格斯列宁斯大林论农村（上）》。

② “三大差别”是指工农差别、城乡差别和脑力劳动与体力劳动的差别。

全国可居住土地上依据电网均衡分布，形成新的区域“城镇体系”，既不偏袒也不忽略任何特定区域。这样的未来，是所有“聚集”的终结（图 3-3）。

这种理念在 20 世纪 50 年代后在我国城乡规划的思想上产生了分散集团式、田园化、居住林园化等设计理念，对城乡结构、居民点分布等产生了直接的影响。[79]

大庆矿区的规划是分散集团式布局的极致体现。它不设中心城，三个沿铁路发展的规模较大的基地分别承担了行政管理、研究开发和石油化工生产的职能；下级“工农村”和“居民点”的选址靠近生产地点，居民生活可以借用生产的基础设施，在交通工具不发达和石油开采相对分散的情况下，工人可以就近兼顾家庭与工农生产。所有的个体单位——居民点，或称之为“工农村”，都是真正意义上的“工农商学兵”合一：石油工人采油，家属种地、养猪、练兵、经商。理想的居民点与中心村的距离在步行范围内，之间有农田环绕，方便工农村居民日常耕作需要（图 3-4）。[80]

在消除城乡差别的背景下，进一步体现消除工农差别以及脑力劳动与体力劳动的差别，落实到乡村规划领域，则完整地体现在人民公社的规划特征之中。

20 世纪 50 年代末期，《中共中央关于在农村建立人民公社问题的决议》明确提出，把前一阶段的生产合作社合并和改变成为规模较大的、工农商学兵合一的、乡社合一的、集体化程度更高的人民公社。随后，农业部发出了开展人民公社规划的通知，要求各省、市、自治区在“今冬明春”对公社普遍进行全面规划。

这个时期编制了大量的人民公社建设规划。这些规划普遍存在着大量问题，突出

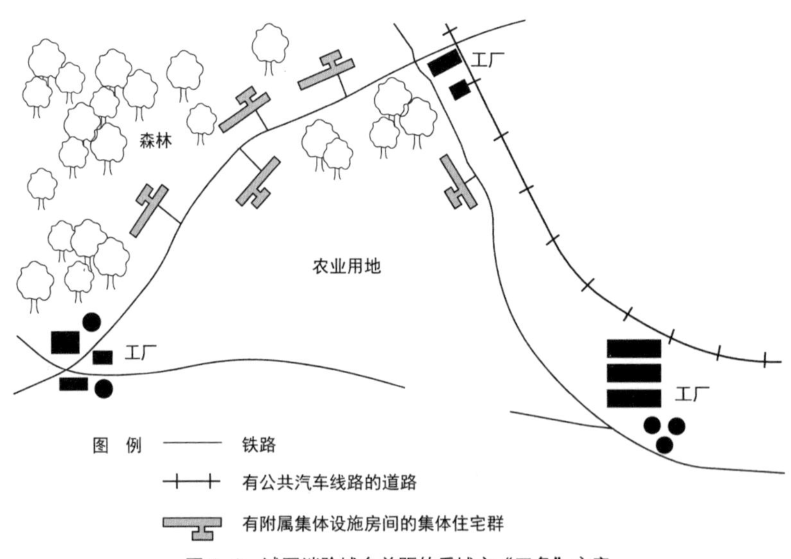

图 3-3　试图消除城乡差距的反城市“三角”方案

资料来源：侯丽．对计划经济体制下中国城镇化的历史新解读 [J]. 城市规划学刊，2010.

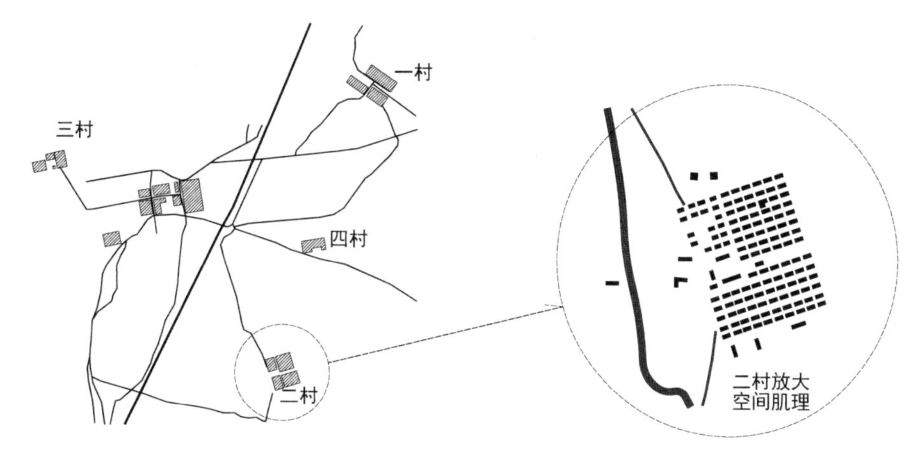

图 3-4　大庆矿区分散集团式布局
资料来源：作者依据侯丽．理想社会与理想空间——探寻近代中国空想社会主义思想中的空间概念 [J]. 城市规划学刊，2010. 改绘。

表现在大规模的乡村迁并、盲目的高指标等方面。

以 1958 年河南省遂平县卫星人民公社规划为例，根据"社域规划"，将新的居民点划分为公社中心居民点、大队中心居民点和大队卫星居民点三级体系。该社当时共 4 万余人，规划至 1962 年，公社中心居民点与毗邻的第一大队中心居民点的总人口达到 8000 人，这相当于要迁并全社约 1/5 的人口。

同时，在集中居民点，尤其是公社中心居民点，盲目追求高标准，各项文化教育、商业服务设施在规划中应有尽有，公社中心居民点各项公共建筑总面积要求达到 20 万 m^2，第一大队居民点的各项公共建筑总面积也要求达到 16 万 m^2。这些在当时的社会经济条件下都是难以完成的（图 3-5）。[44]

当时认为随着生产力的发展与社会分配制度的转变，传统的基于经济依赖的家庭生活方式将会转变。

首先，在居住建筑内不设置厨房与餐厅，同时，卫生间等功能在楼层内统一设置，体现出"集体宿舍"的特征（图 3-6）。其次，当时认为，公共食堂的建立有助于妇女的解放，使她们从家务劳动中脱离出来，进而促进劳动力的发展①。公共食堂承担了家庭生活的部分职能，以此实现生活集体化的设想（图 3-7）。

① "全国基本实现公社化以后，人民公社当前的关键问题是什么呢？是分配问题；是办好集体福利事业特别是办好公共食堂、托儿所问题；是实现组织军事化、行动战斗化和生活集体化问题。在这三大问题中，公共食堂和儿童福利事业这两件事情如果办不好，就不可能巩固生活集体化，不可能从家务劳动中把妇女解放出来，而使整个生产受到影响。办好公社的集体福利事业，特别是办好公共食堂已经成为巩固人民公社的一个基本关键。"引自：办好公共食堂 [N]. 人民日报，1958-10-25。

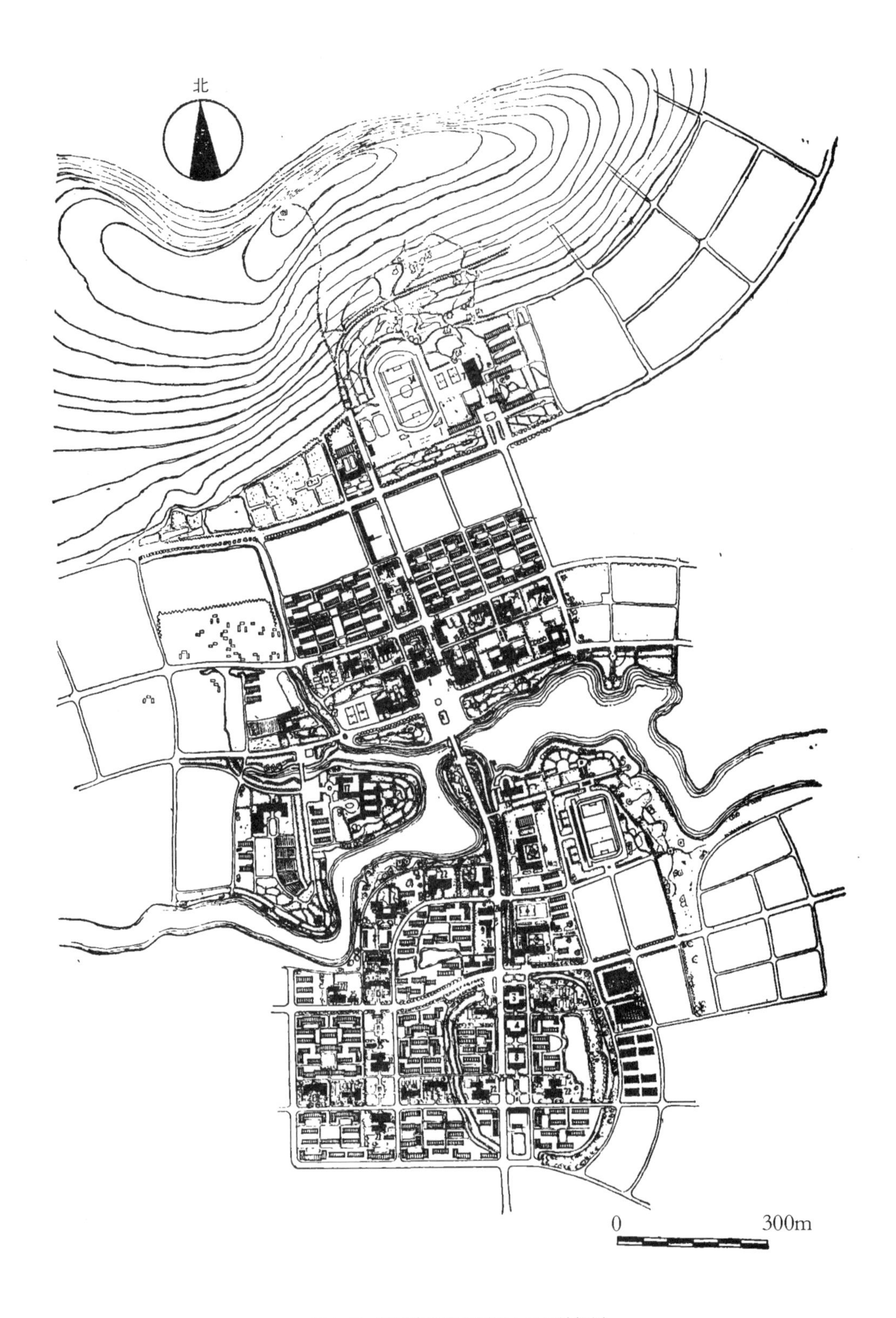

图 3-5　河南省遂平县卫星人民公社规划

资料来源：华南工学院建筑系人民公社规划建设调查研究工作队 . 河南省遂平县卫星人民公社第一基层规划设计 [J]. 建筑学报，1958（11）：9-13.

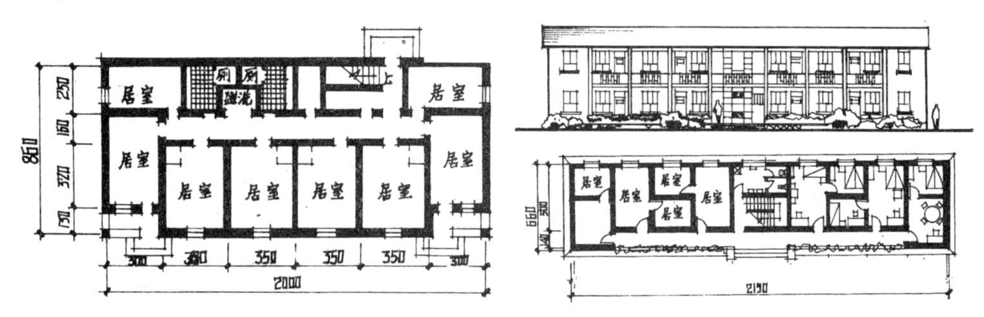

图 3-6　河北徐水县人民公社的居住建筑设计图纸
资料来源：袁镜身 . 当代中国的乡村建设 [M]. 北京：中国社会科学出版社，1987.

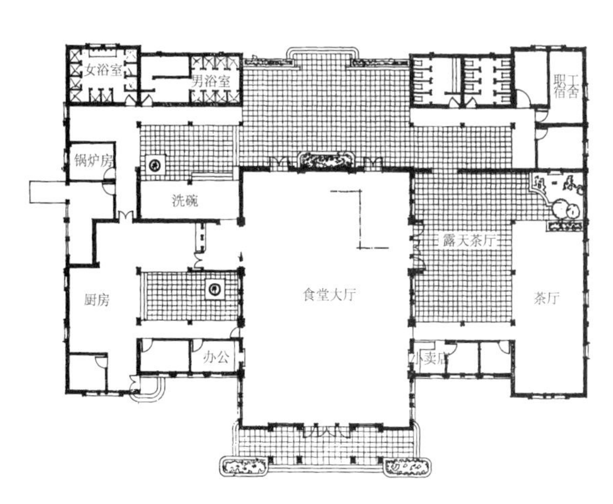

广东省番禺人民公社沙圩居民点公共食堂平面图

公共食堂内庭院

公共食堂南立面

图 3-7　广东省番禺人民公社沙圩居民点公共食堂
资料来源：华南工学院建筑系 . 广东省番禺人民公社沙圩居民点新建个体建筑设计介绍 [J]. 建筑学报，1959（2）：3-7.

2. 村镇规划设计时期

1979 年的第一次全国农房建设工作会议提出了编制村镇规划的要求。1982 年，国家建委、国家农业委员会印发关于《村镇规划原则》的通知。在《村镇规划原则》的引导下，全国开展了大量的村镇规划工作①。《村镇规划原则》将村镇规划工作分为村镇总体规划和村镇建设规划两个阶段。

村镇总体规划是在全公社范围内进行的村镇布点规划和相应的各项建设的全面部署，是公社的山、水、田、林、路、村综合规划的组成部分。这一时期，粮食生产规

① 到 1984 年，全国完成集镇规划 20643 个，占当时集镇总数的 42.21%；完成村庄规划 858436 个，占当时村庄总数的 22.08%。

划依然是村镇总体规划的重要组成部分。

例如在《湖北省巡店镇蔬菜及副食品基地生产规划》（1981 年）的蔬菜及副食品基地规划章节中规定：“根据《中央转批 14 个城市蔬菜会议情况的报告》的精神，本集镇的蔬菜基地规划按供应毛菜每人每天 1.5 斤，产量指标 10000 斤 / 亩进行计算。为充分利用集贸市场的商品，节省菜地，考虑 30% 的蔬菜由近郊农民自留地供给，并扣除现有农业人口 1035 人进行估算，近期需菜地 10 公顷，远期发展到 23 公顷……”[81]（图 3–8）。

村镇建设规划，是在总体规划的指导下，具体选定有关规划的各项定额指标，安排各项建设用地，确定各项建筑及公用设施的建设方案，规划村镇范围内的交通运输系统、绿化以及环境卫生工程，确定道路红线、断面设计和控制点的坐标、标高，布置各项工程管线及构筑物，提出各项工程的工程量和概算，确定规划实施的步骤和措施。

这一时期全国范围内开展了多次关于乡村规划的设计竞赛，希望通过竞赛的方式，带动乡村规划专业整体水平的发展，并为制定乡村规划与建设的标准体系奠定基础。天津市蓟县官庄镇规划、辽宁前高坎村规划等，都是这一阶段的代表性项目（图 3–9）。

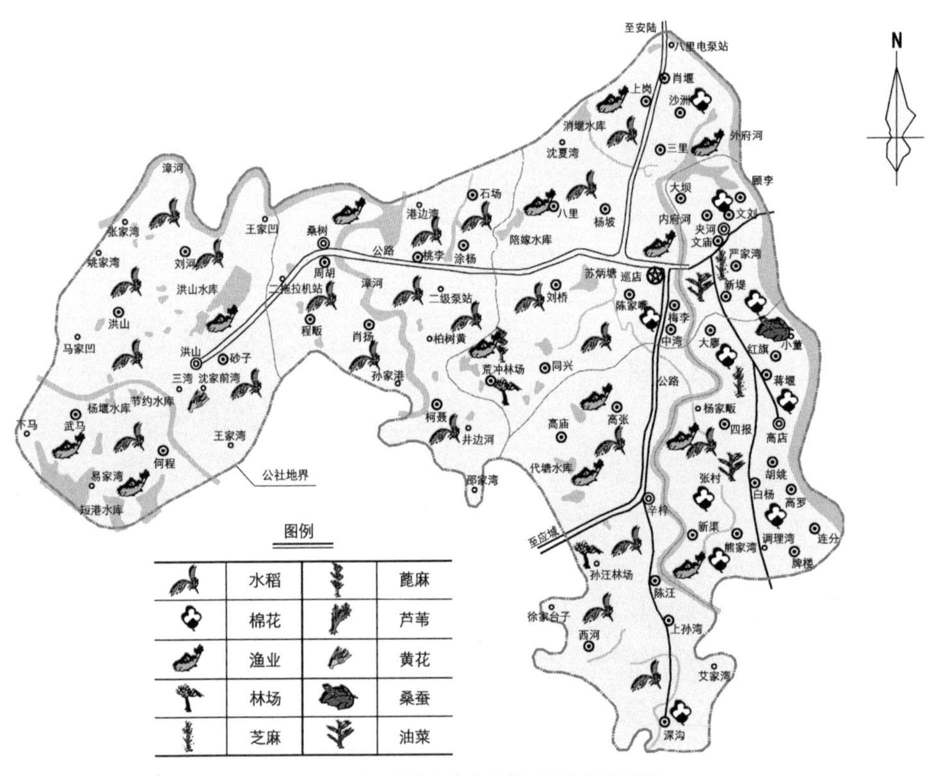

图 3–8　湖北省巡店镇自然经济作物分布规划

资料来源：作者根据黄杰．集镇规划 [M]. 孝感：湖北科学技术出版社，1984. 改绘．

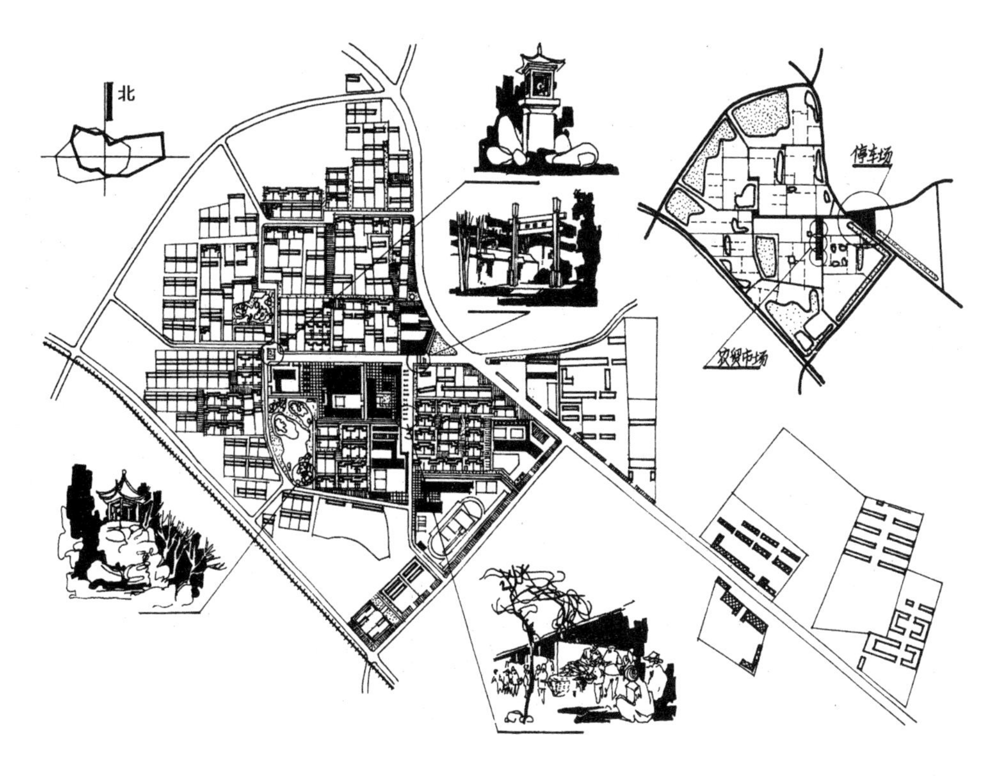

图 3-9　天津市蓟县官庄镇规划
资料来源：袁镜身 . 当代中国的乡村建设 [M]. 北京 : 中国社会科学出版社 , 1987.

但从规划的成果来看，并未表现出对于乡村社区本土性特征的重视与把握，大量实践案例往往是把城市设计的理念直接套用于项目之中。

3. 由城镇化及工业化推动的农村被动城镇化

进入 20 世纪 90 年代，随着快速提升的城市化进程，我国的乡村规划与建设实践出现了新的表现形式，由城镇化及工业化推动的农村被动城镇化成为乡村社区发展演进的一种形式。

被动城镇化模式主要发生在邻近城镇功能和产业辐射的近郊农村，农村土地以政府主导的行政征地的方式进入城镇工业和城镇建设的土地市场，在这个过程中，村民成为市民，村民的身份、职业、生活方式，以及原有乡村社区在乡村经济产业、社会文化、物质空间环境方面均产生了根本性的变化。这种模式也被部分学者称为“外来型”的农村社区单元构造变化模式。[82]

浙江省安吉县皈山乡孝源村空间结构的变化是农村被动城镇化的典型。产业园区的建设，在短时间内迅速改变了原有乡村空间结构，用地规模快速增大，基础配套设施快速发展，生态环境受到冲击，同时吸引了周边农村社区的劳动力转入，人口规模迅速增加的同时，人口结构发生变化（表 3–1、图 3–10）。

农村被动城镇化社区结构变化特点　　表 3-1

一级要素	二级要素	特征
经济产业	产业多样性与经济发展	受外来因素影响大，建设资金大规模投入，经济产业迅速发生变化，经济发展增长较明显
社会文化	人口规模	人口总量增长较快，外来务工人员增加，人口结构发生变化，呈现出年轻化趋势
	文化发展	受外来就业人口影响大，总体文化结构发生一定变化
	社区组织	原有村民和外来务工人员及其家庭的地缘关系重新组织
物质空间环境	建设用地	建设用地总量增长迅速，用地结构发生根本变化，新区、旧区环境特征对比明显
	居住用地与住房	传统地方住宅与现代商品房住宅形成类型对比，住宅用地集约化程度提高
	公共服务设施	设施类型、规模与服务水平得到快速提升与发展
	可达性与道路交通设施	借助新的投资，道路与交通设施得到快速发展，交通可达性提高
	市政基础设施	设施的配套建设得以快速发展，配套标准提高
	生态环境	因地域和发展差异而呈现出多样性，但受新建工业园区产业类型的影响而具有污染的较大风险

资料来源：作者根据杨贵庆，刘丽．农村社区单元构造理念及其规划实践——以浙江省安吉县皈山乡为例 [J]. 上海城市规划，2012. 部分修改。

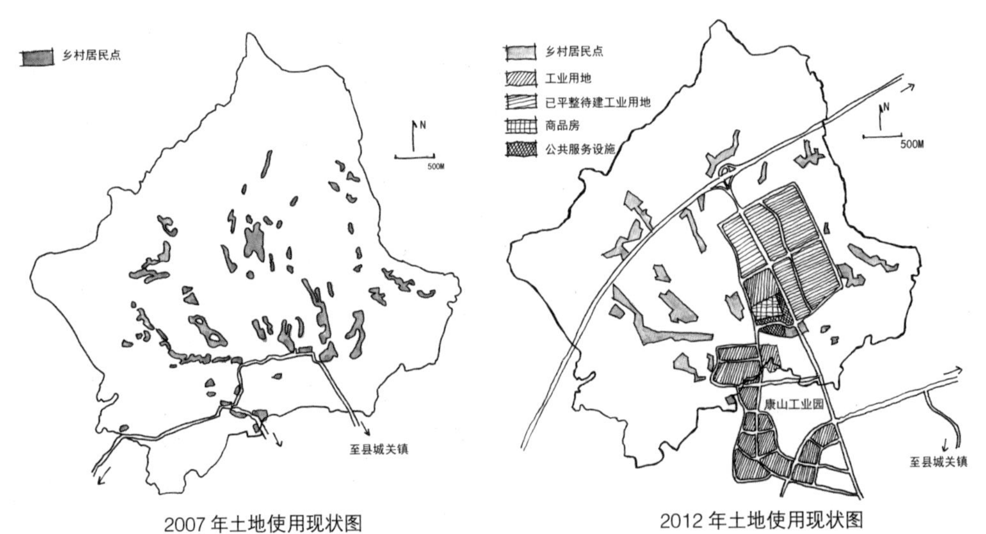

2007 年土地使用现状图　　2012 年土地使用现状图

图 3–10　安吉县皈山乡孝源村空间结构变化

资料来源：作者根据杨贵庆，刘丽．农村社区单元构造理念及其规划实践——以浙江省安吉县皈山乡为例 [J]. 上海城市规划，2012. 改绘．

4. 三个集中与迁村并点

20 世纪 80–90 年代，我国农村社会学研究提出了“小城镇大战略”。20 世纪 80 年代小城镇恢复与兴起的主要和直接原因是社队工业的迅速发展。1983 年，农村实行政社（企）分开，撤销人民公社，建立乡（镇）政府和村民委员会，原有的社队企业归属乡、村所有。原有的社队企业和政社分开后的乡、村（组）办的企业继续发展，还出现了一批挂靠在社队企业名义下的农民家庭工业、户办企业、联户办企业以及为集镇服务的一些企业。在这样的背景下，1984 年《关于开创社队企业新局面的报告》颁布，将“社队企业”改名为“乡镇企业”，用以表示分布在乡村、集镇乃至进入城市的所有农民办的企业的总称。

在这样的社会发展背景下，农村社会学的主流观点认为社队工业的兴起及小城镇的复兴对于当时的中国社会现代化道路具有重要作用，可以成为防止人口过度集中的蓄水池[83]，并认为乡镇企业的发展是历史的必然产物，有传统文化的基础，是家庭中男耕女织、工农相辅的基本模式的发展，创造出了一条具有中国特点的社会主义道路。[84]

受到“离土不离乡，进厂不进城”的农民就业思路的影响，乡村地区的村落及乡镇企业布局分散，导致土地利用效率低下，缺乏集聚效应，另外对农民生活质量的提高也造成了一定的负面影响。

20 世纪 90 年代开展的小城镇规划与建设的“三个集中”，实际上是对城镇与乡村空间结构关系的一次调整。所谓“三个集中”的原则， 即农村人口向小城镇集中、耕地向种田能手集中、工业向小区集中。

集中的结果主要表现在：①原来分散在乡村社区的小企业可以复垦为耕地，一些旧的村庄在撤除合并中也能腾出大量的耕地，通过土地整理增加了耕地，同时重新调整了乡村土地利用布局和聚落结构；②耕地向种田能手集中则宜于规模经营，为推进现代农业铺平了道路；③人口向小城镇集中，使乡村人口的活动和居住都面临着调整，从而影响到乡村社区聚落的形态和功能。

综合来看，试图通过迁村并点方式来达到土地集约利用的目标，如果不能和村民自下而上的发展意愿结合（包括农村建房周期、规划集中居民点是否有足够的吸引力等），同时忽视土地集体所有权下的产权调整及相应的经济补贴因素，那么迁村并点的规划实施往往不具备可行性。

以苏中地区海门市某镇为例，该镇镇域面积约 54km^2，辖 2 个居委会和 17 个行政村、47 个自然村、504 个村民小组。根据该镇编制的《镇村布局规划 2005–

2020》，遵循“集中居住、均衡分布、资源共享、以强带弱”的原则，规划将原先各行政村内的自然村统一规划至 1 ~ 3 个集中居民点，平均人口约为 800 ~ 4000 人。经过约 10 年的实践，2014 年进行规划实施效果评估时，之前规划的 31 个集中居民点仅有 4 个得到部分实施，且选址也未完全按照原规划实施。迁村并点的实施程度较低，集中居住的规划目标并未得到实现。[85]

综合来看，本节所列的我国乡村规划实践中的四个主要阶段（人民公社时期、村镇规划设计时期、农村被动城镇化时期、三个集中与迁村并点时期），其主要的执行力均来自于政府部门自上而下的强大的推动力。在实施与推进过程中，很少关注乡村社区内在的发展诉求，在较短时间内急剧改变了乡村社区原有的社会结构与文化特征，同时，大量规划由于违背乡村社区内在的发展规律，造成了实施度不高的现象。

3.1.3 规划内容主要是目标导向型的综合规划

我国乡村规划实践的另一个特点表现为规划内容主要是目标导向型的综合规划。乡村规划实践是支撑实现国家发展目标的途径，并往往表现出综合性规划的特征，规划内容涉及农业、产业、空间、公共设施、历史文化等方方面面。20 世纪 70 年代的农村建设规划及 2005 年发起的社会主义新农村建设规划等都是这方面特征的体现。

1. 20 世纪 70 年代的农村建设规划

在家庭联产承包责任制前，农村经营体制是“政社合一，一大二公”，劳动力统一管理，生产资料统一管理，土地统一管理。当时的乡村规划内容包括：①以改土治水为中心的田、渠、井、林、路、村六位一体的土地规划；②以种植业为中心的农、林、牧、副、渔五业生产规划；③以农业机械化为中心的水利、电气化、化学化等的农业生产手段规划；④以社会主义新农村建设为中心的文化、卫生、教育、商业等农村设施建设规划。

可以看出，当时的乡村规划包含了土地使用、生产规划、农业机械化、新农村建设等多个方面，不局限于乡村居民点的物质空间规划。

2. 社会主义新农村建设规划

2005 年十六届五中全会正式提出建设“生产发展、生活宽裕、乡风文明、村容整洁、管理民主”的社会主义新农村。这一时期产生了大量乡村规划实践，在这些实践中，规划内容基本是以目标导向型的方式，综合性地提出规划方案。以湖南省湘乡市月山镇龙冲村社会主义新农村建设规划为例：

1）重视耕地保护，合理布局村庄建设用地

根据龙冲村山林地多、耕地偏少的现状，规划在进村主干路附近和现有居民点集中的地段适当集中布局建设用地，对位于山坡地段交通和基础设施便利的小居民点适当保留，形成“相对集中、适当分散”的村庄建设用地布局模式，减少对耕地的占用（图3-11）。

2）尊重现状条件，避免大拆大建

在村组建设规划中，充分尊重现状建筑空间肌理，因地制宜，避免大拆大建的建设方式，体现与保留了地方性特征（图3-12）。

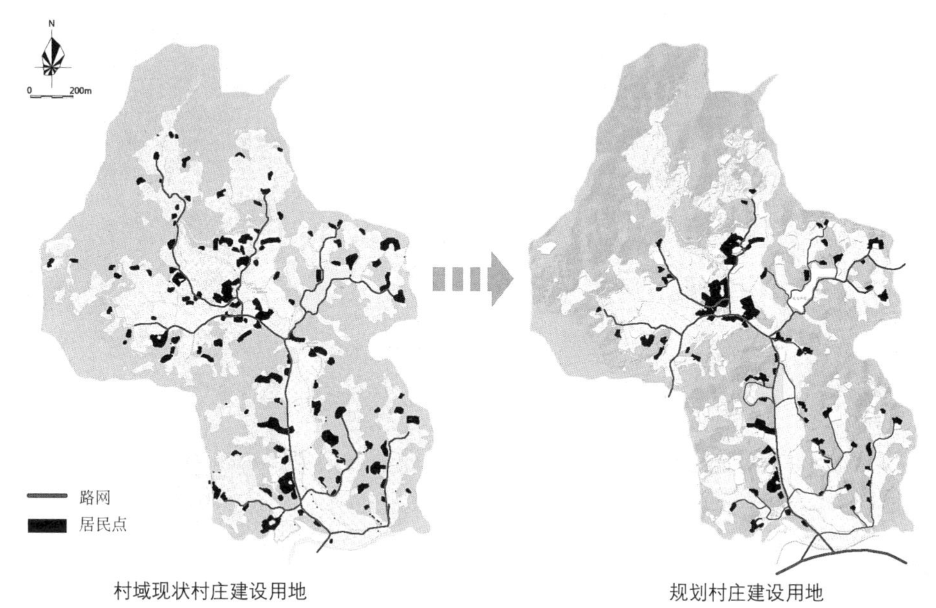

图3-11　村域规划村庄建设用地布局

资料来源：作者根据湖南省城市规划研究设计院提供的

《湘乡市月山镇龙冲村社会主义新农村建设规划（2010-2020）》改绘。

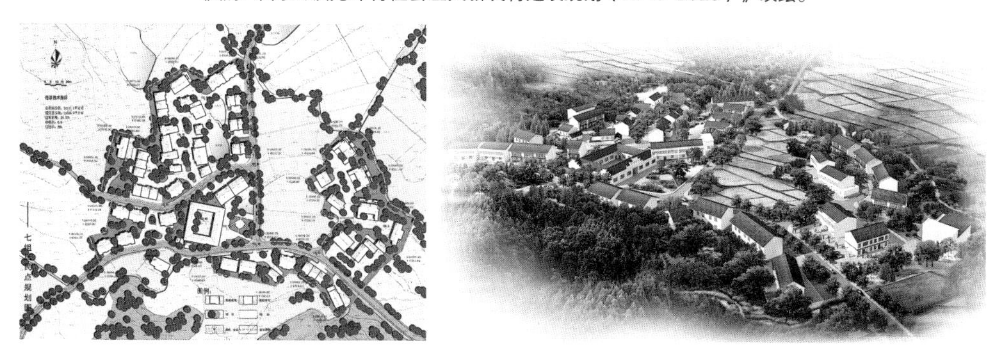

图3-12　居民点规划图纸

资料来源：作者根据湖南省城市规划研究设计院提供的

《湘乡市月山镇龙冲村社会主义新农村建设规划（2010-2020）》改绘。

3）注重文化传承，打造乡村品牌

规划结合龙冲村的自然、人文、产业特色发展文化，在开展一般文体活动建设的同时，通过组建舞龙队、统一标志标牌，强化龙冲村“龙”文化的特色。

4）强化产业规划，提升村庄内生发展活力

“农”：规划利用高产农田，发展优质稻生产区和绿色蔬菜基地。“笼”：以冲沟、水库和池塘为依托，发展牲畜、肉鸡蛋鸡、草食动物以及淡水鱼养殖。“垄”：利用丘垄地，建设油茶、板栗、杨梅种植基地，发展高效林业。“浓”：结合房前屋后的空闲用地发展小范围的立体种植、养殖为主导的庭院经济，提高土地综合利用率。“龙”：依托各生产基地，发展观光、体验、采购一条龙的生态休闲旅游。

5）规划内容全面，有效指导乡村建设

除产业规划外，规划对用地布局、基础设施布局、绿地景观、用地控制、交通梳理、市政设施综合治理与垃圾处理、分期建设等方面进行了统筹安排，对乡村建设起到了有效的指导作用。

6）强调村民参与，注重规划可实施性

规划贯彻“政府组织、专家领衔、部门合作、公众参与、科学决策”的原则，通过问卷、调查、会议等形式，广泛吸纳了村民、专家和政府管理部门的意见，强化公众参与。

3.1.4 对内生发展的重视成为新的趋势

进入21世纪后，世界城市化率及我国的城市化率相继突破了50%，可以说全球正式进入了“城市时代”。新的城乡格局为乡村规划与建设提供了新的发展机遇，乡村以其独有的社会经济、历史文化、生态自然等特征而成为城乡统一体中新的消费场所。在这样的背景下，乡村历史文化保护与乡村旅游、乡村生态博物馆、近郊农业与创意农业等成为乡村规划新的理论与实践领域。

1. 乡村历史文化保护与乡村旅游

对于乡村地区特有的文化价值的重视，在国际范围内是20世纪70-80年代左右开始出现的，联合国教科文组织及国际古迹遗址理事会先后通过的《关于保护历史小城镇的决议》《关于历史地区的保护及其当代作用的建议》《保护历史城镇与城区宪章》等一批重要历史文献，对历史小城镇、古村落的保护提出了相关的规定和措施。[86]

与城市文化相比，农村文化具有乡土性、封闭性、相对静态性及多样性等特征，是指在特定乡村的社会生产方式的基础之上，以村民为主体，建立乡村社区的文化，是村民的文化素质、价值观、交往方式、生活方式等深层心理结构的反映。[59]

利用乡村地区特有的文化特征，充分挖掘其资源，发展乡村旅游，从而带动乡村地区经济社会的全面发展，成为我国乡村规划的重要实践领域之一。

周庄古镇历史保护与旅游发展的相关规划是国内较早出现的，同时也是最著名的案例。1986 年编制的《水乡古镇周庄总体及保护规划》制定了“保护古镇、建设新区、发展经济、开辟旅游”的中心思想，提出了“古镇先进行保护与维修，待条件成熟后再开辟旅游经济”这一在当时看来领先于时代的规划理念。规划充分挖掘地方历史文化以及独特的村镇空间格局，进行基础设施整治、整体性的旅游与景点规划与布局，并通过不断地完善总体规划与专项规划、制定法规条例等保障规划实施的方式，实现了规划目标，成为古镇、古村旅游的模板（图 3–13）。

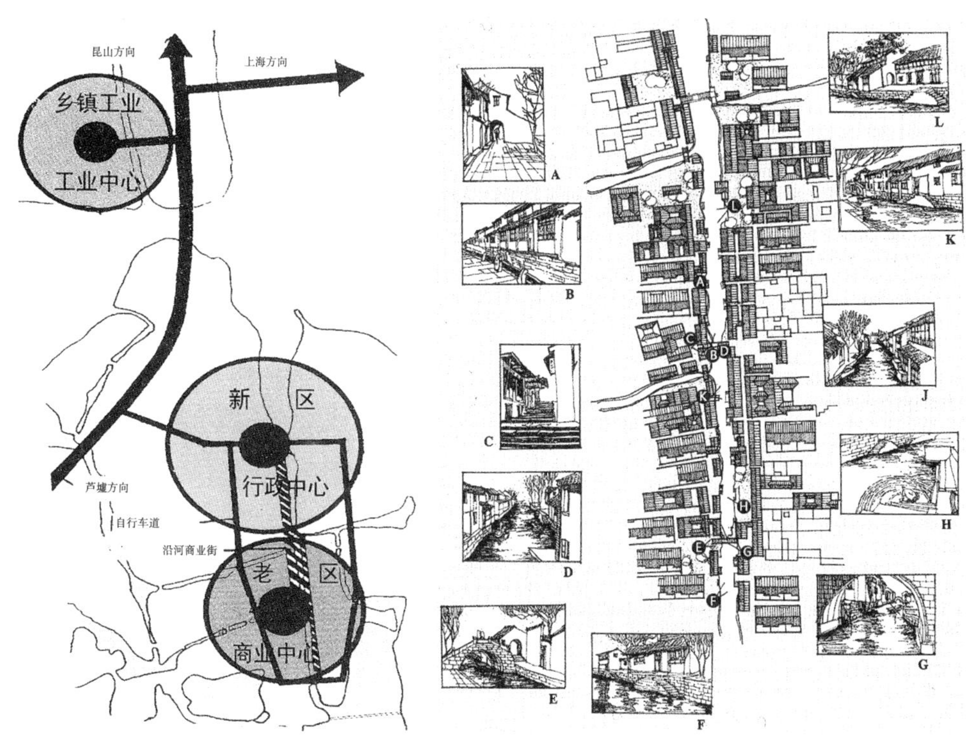

图 3–13　周庄古镇规划图纸

资料来源：中国城市规划设计研究院，建设部城乡规划司，清华大学建筑学院 . 城市规划资料集 第 8 分册：城市历史保护与城市更新 [M]. 北京：中国建筑工业出版社，2008.

2002 年，《中华人民共和国文物保护法》修订后明确提出了历史文化村镇的概念，并以法的形式确立了历史文化村镇在我国遗产保护体系中的地位。

2003 年，建设部、国家文物局《关于公布中国历史文化名镇(村)(第一批)的通知》公布了中国第一批历史文化名镇 10 个，如浙江乌镇、西塘等，以及名村 12 个，如浙江武义俞源村、北京门头沟区爨底下村等。

2008 年 4 月，国务院通过《历史文化名城名镇名村保护条例》，规定：“历史文化名城、名镇、名村的保护应当遵循科学规划、严格保护的原则，保持和延续其传统格局和历史风貌，维护历史文化遗产的真实性和完整性，继承和弘扬中华民族优秀传统文化，正确处理经济社会发展和历史文化遗产保护的关系。”

历史文化名镇 (村) 的保护与开发建设，结合了历史文化保护、乡村旅游等方面的因素，挖掘乡村地区的物质与非物质文化遗产，赋予乡村资源市场价值，带动了一批历史乡村的发展，同时也保护了乡村的地方本土文化。

以北京市门头沟区斋堂镇爨底下村为例，该村距今已有 400 多年历史，现保存着 500 间 70 余套明清时代的四合院民居，是我国首次发现保留比较完整的山村古建筑群，布局合理，结构严谨，颇具特色 (图 3–14)。

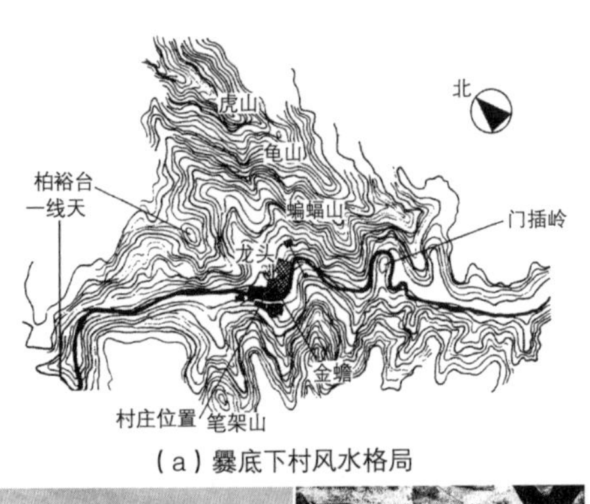

(a) 爨底下村风水格局

(b) 爨底下村整体风貌

(c) 爨底下村物质文化遗存

图 3–14　北京爨底下村的历史物质文化资源

资料来源：杨晓娜 . 风水宝地——爨底下村 [J]. 小城镇建设，2015(1)；许先升 . 生态 · 形态 · 心态——浅析爨底下村居住环境的潜在意识 [J]. 北京林业大学学报，2001，23 (4)：45-48.

村子坐北朝南，建于缓坡之上，高低错落，以村后龙头为圆心，南北向中轴为轴线，村落呈扇形展于两侧。村上村下被一条长 200m、最高处 20m 的弧形大墙分开，村前又被一条长 170m 的弓形墙围绕，使全村形不散而神更聚，三条通道贯穿上下，更具防洪、防匪之功能。全村结构严谨，错落有致的四合院整体精良，布局合理，建筑风格既有江南水乡窗、楼、室等细节与局部处理上的风韵，又有北方高宅大院恢弘整体的气势。灰瓦飞檐，石垒的院墙，凝重、厚实中透着威严，恬淡、平和中积淀着深厚的文化，被称为“京西的布达拉宫”。[87]

在传统村落保护的基础上，爨底下村成为京郊知名的旅游景点，在乡村旅游建设中，村民以家庭为单位提供农家乐住宿与餐饮招待服务，构成了村民家庭的一项重要经济来源。旅游开发的收益使得村中大部分中年劳动力没有外出打工，而是选择在社区内就业，且村民对自己社区的自信与自豪感很强。[88]

2. 乡村生态博物馆

乡村生态博物馆中的旅游活动强调外来游客与当地居民的互动，从而促进对原生态民族文化的保护与发展。当地居民通过参与乡村生态博物馆的建设，参与文化传承和演绎的活动，在获得经济收益的同时，也能够获得基于地方文化的自信，成为民族民间文化的“真正的主人”。对外来游客来说，则是能够更加深入地体验到地方特色文化的原真性特征。[89]

从 1995 年梭戛生态博物馆破土动工到 2012 年浙江安吉生态博物馆群开馆，我国共建成二十余座乡村生态博物馆。大多数乡村生态博物馆分布在西南部，以云南、贵州、广西为主。[90]

以黔东南地区为例，黔东南是世界乡土文化保护基金会授予的全球 18 个生态文化保护圈之一，是联合国教科文组织推荐的“返璞归真，回归自然”的全球十大旅游胜地之一，是中外游客、专家和学者赏誉的“人类疲惫心灵栖息的家园”。世界旅游组织用“旅游资源品位最高、质量最好、最集中、最具多样性、最具吸引力”评价黔东南。黔东南生态博物馆既具备传统博物馆对典藏文物进行保存、整理、研究及陈列展览的功能，更具备对文化生态社区的环境、建筑、歌舞、节庆、习俗、生产生活方式等动态的、物质的和非物质的文化实施整体保护，并在保护中实现有序开发的作用（图 3–15）。

发展乡村博物馆，带动生态旅游，是实现乡村地区就地现代化的途径之一。

如贵州省地扪村，深度挖掘当地资源，打造银器；发展土法造纸，产出原生态

（a）民族村寨的庆典活动

（b）“水上丝绸之路”镇远的青龙洞

（c）“最后一个枪手部落”

图 3-15　黔东南生态博物馆

资料来源：周新颜，杨玉平，李筑 . 体验生态博物馆——黔东南乡村旅游发展模式探析 [J]. 当代贵州，2008.

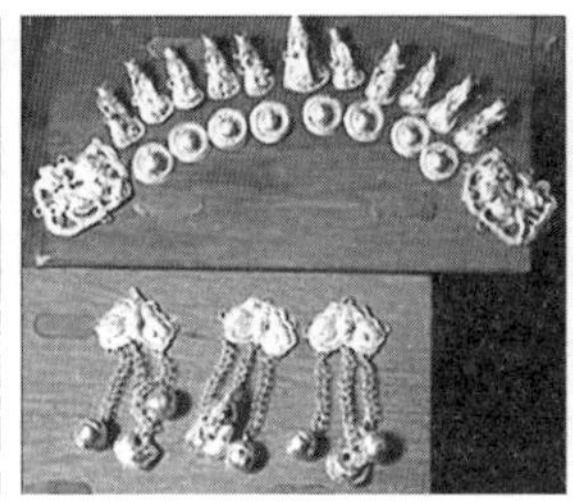

图 3-16　贵州地扪村的传统手工艺品

的没有漂白剂的纸，用于茶叶等一些高档商品的包装；弘扬木工、纺线等民族手工艺，吸引知名品牌爱马仕的设计师将地扪村的手工艺品拿到纽约市场销售。由于织布、染布所用的原料（草本植物、石料）是天然的，所产出的是生态布、有机布，手工制作使得每一件成品都有惟一性。这种方法把传统手工艺变成产品和服务，增加了收入和就业；同时，对外交流的频繁丰富了村民的精神生活，乡村面貌得到根本性的改变（图 3-16）。

3. 近郊农业与创意农业

随着我国农业生产问题（主要是粮食和主要农产品的供给）初步得到解决、城乡一体化思想逐渐被政界与学界所倡导，交通条件得到改善以及经济社会全面发展。进入 21 世纪，我国大城市周边，尤其是东部城市化密集区域的近郊农业，得到迅速发展，并从单一的生产功能逐步转向多种功能复合叠加的产业形态。

以上海市为例，2002 年召开的郊区工作会议指出：“郊区农业不再仅仅是保障城市副食品供应，更重要的是要为大都市营造清新优美的生态环境，为市民提供度假休闲的乐园，为全国提供信息技术平台。”“农业不再是令人生畏的艰苦而低效的产业，而将成为最具市民亲和力的阳光产业。”[91]

近郊农业的雏形是德国的市民农园，早期由莱比锡的一位医生兼教育家施雷贝尔

（Daniel G.M. Schreber）提出。他认为园艺工作既能够保证健康安全的食品，同时又能够丰富人们的精神生活。之后经过不断发展，德国的市民农园逐渐转向以农业耕作体验与休闲度假为主，主要包括五大功能：①提供体验农耕之乐趣；②提供健康的、自给自足的食物；③提供休闲娱乐及社交场所；④提供自然、美化的绿色环境；⑤提供退休人员或老年人最佳的消磨时间的地方。市民农园的理念在德国至今仍具有强大的生命力，并广泛传播到欧洲、北美、日本等地区和国家。[92]

近郊农业的建设，实质上是实现农业三产化的一个过程，强调延伸农业自身的服务功能，发挥农业的多功能性，将生产、生活、生态、休闲、娱乐、教育、养生等多种功能综合利用，实现城乡优势互补和共同发展。同时也能够适度缓解目前农业生产相对过剩的条件下，过多强调农业二产化带来的面源污染与食品安全问题。[93]

以浙江省奉化区萧王庙地区规划为例，通过农业三产化方式，对农业生产、农村生活、农民生计三个方面的问题进行统一考虑，开发具有地方特色的产品类型，针对城乡消费市场的需求，创造产品价值，以此带动地区人口实现收入的增加及收入结构的调整，实现三产化的转型（图 3-17）。

随着近郊农业的不断发展，需求端的多样性要求推动着供给侧产品的不断创新。

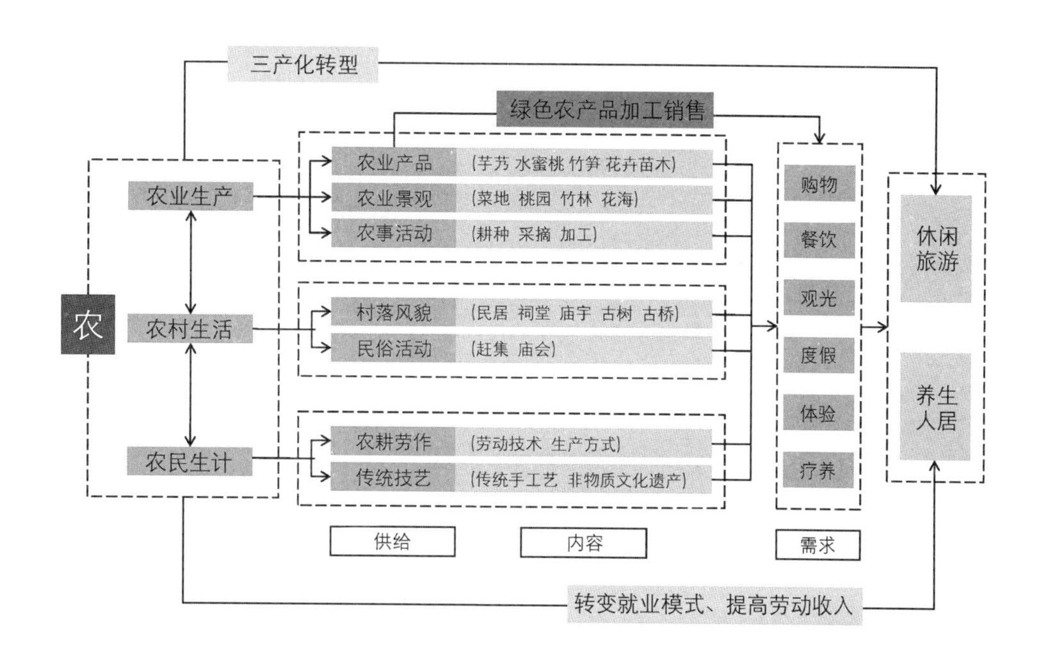

图 3-17　农业三产化示意图

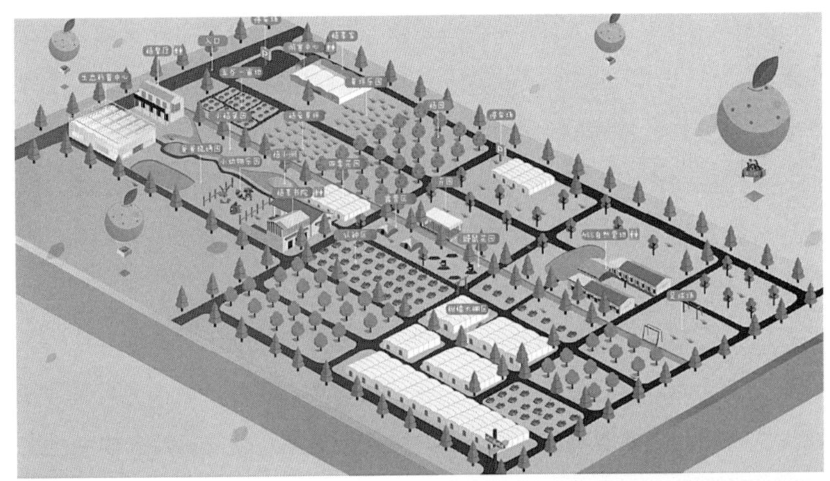

图 3-18　前小桔创意体验农场

资料来源：www.qianxiaoju.com；www.sohu.com/a/196137226_808882

同时，随着国家对于创新与创意产业发展的重视，近郊农业又开始了向创意农业的升级。根据创意角度和发展思路的不同，创意农业大致可分为 8 种类型：①农业过程利用；②农业景观利用；③农业废弃物创意利用；④农产品用途转化；⑤农业文化开发；⑥农业生态修复功能开发；⑦农产品奇异化生产；⑧农业软件开发。[94]

以上海市“前小桔”创意体验农场为例，其坐落于长兴岛郊野公园西入口，占地面积 360 亩，以柑橘为主题，划分为六个主题园区，以“科技·环保·创意”为核心理念，打造柑橘产、研、创、销、教、游六位一体的产业链，包括柑橘创新、自然乐学、田园休闲三个主要的功能板块。具体功能包括柑橘科技示范推广基地、农创中心、开心农场体验活动、柑橘文化交流、旅游服务配套中心、农业生态职能展示中心等（图 3-18）。

从内生发展的角度剖析，这一时期乡村规划与建设实践的特征如下：

（1）在尊重乡村价值的基础与共识上，鼓励乡村社区与农民参与规划与建设的全过程，成为地方发展的主体，与上一阶段——城市主导阶段相比，乡村社区具有了自我发展的诉求与能力。

（2）非常注重乡村社区本土文化的传承与发展，乡村文化的多样性成为乡村发展的基础性资源条件。

（3）以市场需求为导向，不断自发地适应市场需求，进行产业链的拓展与产业多样化的提升，实现了地区经济发展与本地人群增收的双重目标。

（4）保障本地人群在发展过程中的参与权与收益权。

3.1.5 乡村振兴成为国家战略

从我国近现代乡村规划主要的实践总结来看，大部分时期外生发展特征的乡村规划是我国乡村规划实践的主流，主要表现为：规划的诉求产生于乡村社区之外、规划的推动力来自于政府自上而下的政策力、规划编制内容主要是为了实现国家制定的乡村发展目标。但是，从规划实施的可持续性角度分析，大多数以外生特征为主导的乡村规划实践，由于往往具有“运动”性的特征，缺乏可持续性。

与之相比，乡村规划实践中的内生发展特征重视培育乡村地区社区的内聚力，重视对本地资源的挖掘与利用，同时强调保护本地人群的利益，使本地人群能够在对乡村资源的开发与利用过程中，得到平等、可持续和全面的发展机遇。这类乡村规划实践开始出现在我国乡村规划的实践之中，并取得了显著的效果。在这种背景下，2017年10月18日党的十九大报告正式提出乡村振兴战略。2018年2月中央一号文件《中共中央 国务院关于实施乡村振兴战略的意见》公布（表3-2）。

乡村振兴战略的基本原则　表3-2

坚持党管农村工作	毫不动摇地坚持和加强党对农村工作的领导，健全党管农村工作领导体制机制和党内法规，确保党在农村工作中始终总揽全局、协调各方，为乡村振兴提供坚强有力的政治保障
坚持农业农村优先发展	把实现乡村振兴作为全党的共同意志、共同行动，做到认识统一、步调一致，在干部配备上优先考虑，在要素配置上优先满足，在资金投入上优先保障，在公共服务上优先安排，加快补齐农业农村的短板
坚持农民主体地位	充分尊重农民的意愿，切实发挥农民在乡村振兴中的主体作用，调动亿万农民的积极性、主动性、创造性，把维护农民群众的根本利益、促进农民共同富裕作为出发点和落脚点，促进农民持续增收，不断提升农民的获得感、幸福感、安全感
坚持乡村全面振兴	准确把握乡村振兴的科学内涵，挖掘乡村多种功能和价值，统筹谋划农村经济建设、政治建设、文化建设、社会建设、生态文明建设和党的建设，注重协同性、关联性，整体部署，协调推进

续表

坚持城乡融合发展	坚决破除体制机制弊端，使市场在资源配置中起决定性作用，更好地发挥政府作用，推动城乡要素自由流动、平等交换，推动新型工业化、信息化、城镇化、农业现代化同步发展，加快形成工农互促、城乡互补、全面融合、共同繁荣的新型工农城乡关系
坚持人与自然和谐共生	牢固树立和践行绿水青山就是金山银山的理念，落实节约优先、保护优先、自然恢复为主的方针，统筹山水林田湖草系统治理，严守生态保护红线，以绿色发展引领乡村振兴
坚持因地制宜、循序渐进	科学把握乡村的差异性和发展走势分化特征，做好顶层设计，注重规划先行、突出重点、分类施策、典型引路，既尽力而为，又量力而行，不搞层层加码，不搞一刀切，不搞形式主义，久久为功，扎实推进

乡村振兴战略综合了各历史时期的实践经验，首先确定了农民主体地位的建设原则，并以提升农民的获得感、幸福感、安全感为发展目标，注重在发展过程中的城乡融合、人与自然共生、全面发展、多样性保护等要素，体现了国家政策对于内生发展要素的重视。

从实际的城乡结构及城乡人口构成来看，我国的乡村发展不可能寄希望于完全的政府财政及外来资本运作。在新型城镇化的格局中，一方面，人口向城镇集中，提升国家城镇化水平是不可避免的趋势；另一方面，提升乡村社区的活力、促进乡村地区的稳定与繁荣发展也是必不可少的原则。

强调内生发展与乡村规划的结合，从我国乡村规划实践的历史流变分析的角度来看，可以避免外生发展模式下乡村规划的弊端，使乡村地区的地方人群参与乡村发展的全过程，提高社会参与度，提升自身全面发展的综合素质，并最终实现提升乡村活力的目标，提高乡村规划实践的可持续性。

3.2 我国乡村规划的编制与管理体系

《城乡规划法》将乡村规划纳入法定范畴，把城乡发展作为整体来加以考虑，意在打破规划立法和管理的城乡二元化体系，从而使以往就城市论城市、就乡村论乡村的规划编制与实施方式发生了本质转变。

3.2.1 乡村规划的编制

1. 编制主体

《城乡规划法》第二十二条规定：乡、镇人民政府组织编制乡规划、村庄规划，报上一级人民政府审批。村庄规划在报送审批前，应当经村民会议或者村民代表会议讨论同意。

从《城乡规划法》的规定来看，乡村规划的编制主体是乡镇人民政府，但也强调了村民意愿的重要性。根据乡村土地和资产性质来分析，村庄内的土地属于集体所有，村民是村庄的主人，同时，村民的有形资产（承包责任田、宅基地、公共设施等）及无形资产（乡村景观风貌、历史建筑、古树名木等）都属于村集体或个人所有，这就意味着乡村地区的自然村组小集体也是土地与资产的共同体。这在某种程度上可称之为“集体私有”的特性与城市的公有制完全不同，从根本上决定了乡村规划的主体是村民。

2. 编制内容

《城乡规划法》第十八条规定：乡规划、村庄规划应当从农村实际出发，尊重村民意愿，体现地方和农村特色。乡规划、村庄规划的内容应当包括：规划区范围，住宅、道路、供水、排水、供电、垃圾收集、畜禽养殖场所等农村生产、生活服务设施，公益事业等各项建设的用地布局、建设要求以及对耕地等自然资源和历史文化遗产的保护、防灾减灾等具体安排。乡规划还应当包括本行政区域内的村庄发展布局。

根据乡村发展的特征与需求，乡村规划应当包括如下主要内容（表3-3）：

乡村规划的内容　表3-3

大类	指导思想	规划内容	具体内容
乡规划	充分利用自然规律，考虑农业发展、农民生活和农村建设；结合当地的生产与生活方式；保护地方风貌与特色	产业发展规划	制定经济社会发展目标； 农业区划； 一、二、三产布局规划
		村庄发展布局规划	居民点体系规划； 人口规模预测； 空间管治规划
		土地使用规划	土地分类与使用； 建设用地分类与规模控制
		设施规划	生产设施（包括农业服务设施、工业设施等）； 生活设施（包括行政管理设施、教育设施、文体科技设施、医疗保健设施、商业金融设施、社会保障设施、集贸设施等）； 基础设施（包括交通设施、市政设施、环卫设施、防灾设施等）

续表

<table>
<tr><th>大类</th><th>指导思想</th><th colspan="2">规划内容</th><th>具体内容</th></tr>
<tr><td rowspan="8">村庄规划</td><td rowspan="8">坚持村庄综合发展；尊重村民意愿、提倡村民参与；确保村庄建设与发展的渐进性与可持续性；注重乡土规划的传承</td><td rowspan="3">村域规划</td><td>村域产业发展规划</td><td>村域产业发展现状和特征；
村域产业发展定位和目标；
村域产业发展方向和重点规划；
村域产业空间规划</td></tr>
<tr><td>村域基础设施和服务设施布局</td><td>落实上位规划的各项设施要求，并结合村庄的产业发展、生活要求和村庄规模等实际需求，合理布局各项内容</td></tr>
<tr><td>村域土地使用规划</td><td>根据规划区自然条件和社会经济条件及上位规划中的土地使用规划确定本村居民点位置和面积、土地使用结构、土地使用分区、基本农田保护及耕地保护等内容</td></tr>
<tr><td rowspan="5">村庄建设规划</td><td colspan="2">村庄建设用地布局</td></tr>
<tr><td colspan="2">村庄宅基地规划</td></tr>
<tr><td colspan="2">村庄绿地规划</td></tr>
<tr><td colspan="2">历史保护规划</td></tr>
<tr><td colspan="2">设施规划</td></tr>
</table>

3.2.2 乡村规划的管理

《城乡规划法》第二十二条规定："村庄规划在报送审批前，应当经村民会议或者村民代表会议讨论同意。"这说明村庄规划应在报送审批前，先在村庄内部决策。这一条明显有别于城市规划的审批制度，可以称之为乡村规划的"双决策制度"，即村内决策、政府决策（图 3-19）。村内决策在先，是政府决策的必要的和主要的依据。

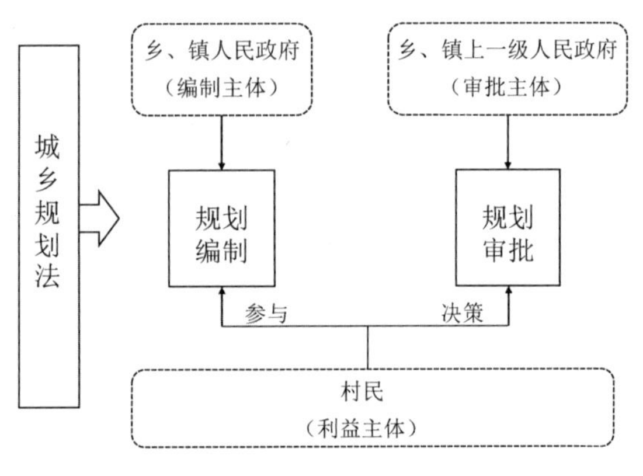

图 3-19 乡村规划的"双决策制度"

根据《中华人民共和国村民委员会组织法》规定："召开村民会议，应当有本村十八周岁以上村民的过半数，或者本村三分之二以上的户的代表参加，村民会议所作决定应当经到会人员的过半数通过。”同时，“人数较多或者居住分散的村，可以设立村民代表会议，讨论决定村民会议授权的事项。村民代表会议由村民委员会成员和村民代表组成，村民代表应当占村民代表会议组成人员的五分之四以上，妇女村民代表应当占村民代表会议组成人员的三分之一以上”。“村民代表会议有三分之二以上的组成人员参加方可召开，所作决定应当经到会人员的过半数同意。”以上条款即规定了村内决策的法定过程。

3.3 内生发展理论对我国乡村规划实践的借鉴意义

3.3.1 从实现外部需求转变为激发与尊重内生发展意愿

1. 乡村规划具有规划、建设、运营、管理一体化的特征

城市规划的编制与实施，是条块切割、分工组织的，编制部门、建设部门、管理部门各自承担不同的内容。乡村规划则不同，主要的原因在于乡村规划编制的主体是村民，而村民又是乡村财产的实际权利人，同时，乡村规划的实施、管理等（包括资金的筹集）都需要以村民作为主体来进行。规划、建设、运营、管理一体化，是乡村规划区别于城市规划的最主要的特征。

2. 尊重内生发展意愿是体现村民主体地位的途径

针对村民在乡村规划中的主体地位，目前已基本形成共识。在乡村规划的实践中，根据《城乡规划法》的规定，也能够做到一定程度的村民参与。但是针对村民参与的方式以及村民参与的作用等内容，也出现了对于“投票式”村民参与过程的反思。

根据“市民参与的阶梯”理论，公众参与共分为 8 个层次：

最低程度是“无参与”，由两个层次组成。这个程度的所谓参与，实质上是规划制定后由公众来执行，公众并未真正参与到城市规划的过程中，公众意愿没有也不可能得到反映，只是被动地执行规划。其中第一层次是“执行操作”，第二层次是“教育后执行”。

中等程度的参与是“象征性的参与”，由三个层次组成。在这个层面，公众在形式上能够参与到城市规划的过程中，公众的意见可得到听取，但公众仍然是消极的和被动的，他们的意见对规划决策还不能产生直接的作用。其中第三层次是“提供信息”，第四层次是“意见征询”，第五层次是“政府退让”。

最高参与程度是“市民权利”，由三个层次组成。在这个层面，公众通过与政府、规划师的全面互动，参与到规划的决策过程中。其中第六层次是“合作关系”，第七层次是“权利代表”，第八层次是“市民控制”。[95]

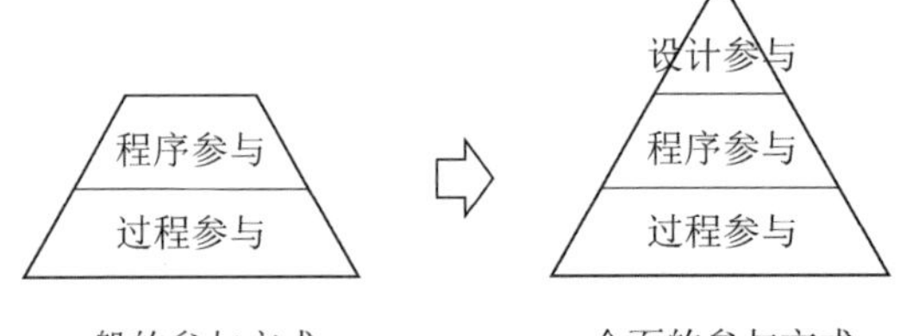

图 3-20 内生发展要素与乡村规划的结合方向

资料来源：乔路，李京生．论乡村规划中的村民意愿 [J]. 城市规划学刊，2015.

“投票式”的乡村规划，基本处于中等程度的层面，从内生发展的角度分析，乡村规划中的村民参与应当是村民能够参与规划编制的全过程，对规划从调研分析、方案制定、组织实施等方面都能够起到真实的主导作用（图 3-20）。

在这个转型过程中，对于村民主导地位与规划师作用的思考也成为研究的重点。相关研究普遍认为，规划编制的目的是达成共识，需要规划师从专业角度出发，帮助村民解决他们最关心的规划问题。[96] 但是在这个过程中，同时也要避免乡村规划掉入完全听从村民要求的极端里去，规划师还需要承担部分对于村民的教育与协调工作。[97]

3. 村民意愿的构成

从构成来看，村民意愿不仅包含村民对其所在村庄发展的设想，也包含对其自身生产方式和生活环境的意向。村民意愿的分析既需要考虑村庄整体发展，同时也要兼顾村民个体生产、生活的诉求（表 3-4）。

村民意愿的构成　　表 3-4

构成	主要内容
村庄发展意愿	村庄发展意愿主要是指村集体对于村庄发展的意愿，包含村庄居民点整体布局、村庄发展的主要产业、村庄对于外来投资的集体意愿等方面
村民的生产意愿	指村民对于村庄产业发展及收入等方面的个体意愿，在一定程度上是对集体意愿中产业发展相关内容的反映和体现，包含村民个体的收入来源、就业方式、具体的农业生产方式或其他就业方式等
村民的生活意愿	指村民对于日常生活的个体意愿，在一定程度上是对集体意愿中居住生活相关内容的反映和体现，包含村民日常的衣食住行、对于公共服务设施和基础设施的想法和建议以及对于环境景观公共空间等的意愿
村民的资产意愿	指村民对于自家财产和资产的个体意愿，主要包括村民对责任田和宅基地等土地资产的处理意愿，对房屋迁建的意愿，对新建房屋的出资意愿，对村庄环境风貌、历史民俗等无形资产的意愿

4. 在乡村规划各阶段体现村民意愿的方式

在乡村规划的各阶段，体现与尊重村民意愿的方式有所侧重（图 3-21）。

在规划的前期调研过程中，规划师除传统的物质空间调研及资料收集之外，需要主动地筹划村民参与的形式，在项目前期引导村民表达对于乡村发展的意愿，同时可采用规划师引导、村民参与的方式形成对于规划方案的共同策划。

在规划方案编制过程中，需要对村民提供的现状信息、发展思路等方面进行综合，形成体现村民意愿的规划草案，为下一阶段达成规划共识奠定基础，这是使规划内容满足自下而上需求的重要步骤。

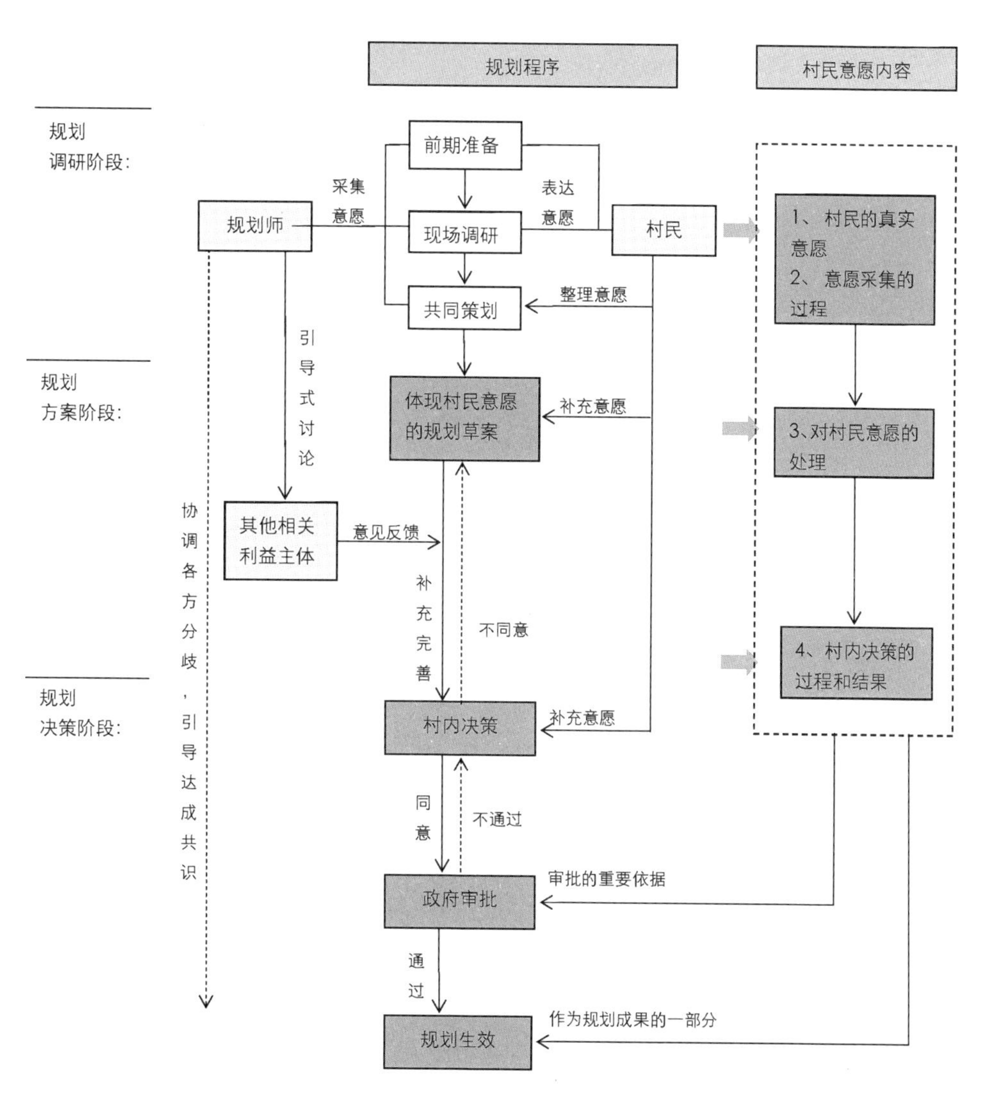

图 3-21 村民意愿贯穿于乡村规划的全过程

在规划决策阶段，如前文分析，我国的乡村规划管理是“双决策制度”，村内决策在先，政府决策在后。这一阶段中进一步落实村民意愿，使村民真正在规划管理过程中具有决策权。

5. 尊重内生发展意愿的乡村规划内容

尊重村民意愿的乡村规划，需要在《城乡规划法》所规定的法定内容的基础上，从村民意愿的角度，扩展规划内容（表 3–5）。

对乡村规划法定内容的拓展建议　　表 3-5

内容构成	内容分类	补充原因
法定内容	确定规划区范围 确定住宅、道路、供水、排水、供电、垃圾收集、畜禽养殖场所等农村生产、生活服务设施、公益事业等各项建设的用地布局、建设要求 提出历史文化遗产保护的具体安排 提出农田、水利、自然资源的具体安排 提出防灾减灾的具体安排 提出规划实施的步骤、措施、政策建议	
补充内容	采集村民意愿，提出处理措施	是乡村规划的必要前提条件，有助于指导并评价其他规划内容，应成为村庄规划编制的要点
	提出村庄资源的保护及利用措施	“资源”的含义比“历史文化遗产”更广阔，如植被、水系等经过挖掘潜在的价值，可形成特有的景观资源；人物传记、民间故事等亦可形成独特的文化资源等，将资源一一整理，形成体系，变为保护和利用的措施
	根据村民意愿总结与提炼村庄发展的思路及措施	以上一点的村庄资源为基础，构建乡村发展的“产业发展的思路及措施”，是乡村实现稳定、可持续发展的基础

3.3.2　从自上而下的推进转变为自下而上的协调

乡村组织在实现乡村内生发展以及保障乡村规划的可持续性方面，具有重要的作用，对于乡村组织在乡村规划从编制到实施管理的过程中起到的作用，尚需进行深入研究与重视。

从乡村治理的角度，我国传统社会中，是以乡绅、族长等民间力量作为衔接国家权力与乡村社会的主要力量。晚清至民国时期，发展为以乡村代理人为代表的“经纪体制”。中华人民共和国成立初期，强调乡与行政村为国家最基层的政权与管理单元，之后又在人民公社时期推行“政社合一”的公共资源高度集中的调用模式，相当于整合了国家基层政权与乡村社会经济组织。改革开放后，国家基层政权设立至乡镇一级，之下采用村民自治的方式来激励农民的生产积极性。[98]

这样，我国村一级权力属于乡村自治组织，村集体的一切决策和管理都由全体村民共同决定。但随着国家权力退出基层，国家对农村社会的管理控制功效不断被削弱，加上农村缺乏新的管理机制，由此引发了农村社会管理的弱化趋势。[99]

恢复与培养乡村组织在乡村发展中的作用，是由两方面决定的：

一是国家政策与法规自上而下的要求。《城乡规划法》第二十九条规定：乡、村庄的建设和发展，应当因地制宜、节约用地，发挥村民自治组织的作用，引导村民合理进行建设，改善农村生产、生活条件。

二是内生发展理论对自下而上途径的重视。内生发展理论强调基于地方资源形成在城乡市场中具有交换价值的产品，通过市场途径实现乡村社区的健康、可持续发展。但村民个体在面临市场竞争时，处于明显的弱势地位，需要各类乡村组织的介入与协调。

乡村各类社会组织数量繁多，基本涵盖了乡村社会生活的各个领域。有代表村民利益，通过法律规定的正式组织，如村党组织、村民自治组织和村合作经济组织等。也有以提供乡村公共服务和社会保障为主要功能的民间社会组织，如老年协会、扶贫会、同乡会和各类文体活动协会等。随着乡村社会发展的多样化，乡村社会组织的数量和类型会不断增加，各自的职能会不断地变化和完善。

在乡村规划的具体实施过程中，乡村各类组织需要发挥不同阶段、不同侧重点的作用。例如：在规划编制阶段，乡村行政组织需要负责调动村民参与的积极性，安排有助于村民意愿收集的规划协调机制；在规划实施阶段，乡村经济组织需要主动对接市场需求，促进乡村价值的实现；乡村自治组织需要进行乡村社区的营建，形成乡村内聚发展的动力。

3.3.3 从目标导向型的综合规划转变为问题导向型的社区规划

乡村规划的本质是乡村社区发展的规划，产业规划、经济发展、乡村振兴等都是手段，更重要的是借此实现乡村社区的进步和发展。“乡村地区的规划重心，绝不是建设问题，而是发展问题。”[100]

由于中国乡村地区的发展条件及社区本底自然资源条件差异极大，发展的需求与发展的阶段也有所不同。现有以国家发展目标为依据，以法规、规范为标准的综合性甚至套路式的规划，不能有效满足乡村社区发展的实际需求。

乡村地区的发展基础与条件差异主要体现在自然环境、人口构成、空间区位、经济发展条件等方面。例如在一些人口密度较高、社会经济发展水平较高的平原地区，村庄的人口规模可能达到几千甚至上万人，而一些社会经济发展滞后的西部山区村庄，人口只有几百或几十人，甚至有仅有几户人家的散村。

另外，村庄发展有自身的周期，从历史发展的角度分析，大致可以分为五个阶段。首先，最早的乡村是基于生存安全需要而产生与发展的；其次，是为了扩大生产保障生活条件而进行的农田水利基本建设；之后，是整治“脏乱差”等生活环境问题；再之后，是进行公共设施的建设，包括文化的传承、历史村落保护、美丽乡村等；最后是生态的修复和持续发展的需求。

从这两个角度来看，虽然乡村规划是综合性的规划，但在实践中需要建立多层次、多角度的乡村规划内容体系。根据乡村规划所面对与解决的问题的不同，可以将乡村规划划分为不同的类型（表 3–6）。

问题导向型的乡村规划类型划分 表 3-6

主要类型	主要内容
综合性的乡村规划	从长远的角度对乡村地区作出综合性、政策性规划、空间引导和控制，范围包括乡村居民点及所对应的乡村社区
村庄整治规划	实施性规划，以环境治理为主，重点针对村庄居民点范围
村庄建设规划	实施性规划，包括空间、设施的建设要求，重点针对村庄居民点范围
特定需求的乡村规划	如历史保护规划等

资料来源：张尚武 . 城镇化与规划体系转型——基于乡村视角的认识 [J]. 城市规划学刊 , 2013.

与综合性的乡村规划相对，以海宁市袁花镇赫山房村庄设计为例，它不是一个综合性的全面规划，而主要是针对乡村社区的实际需求确定规划内容。

在前期调研、方案编制等阶段，规划力求整合乡村社区的内部诉求与力量，从规划所涉及的村民的发展意愿来看，每户居民的实际诉求是不尽相同的（图 3–22，表 3–7）。

综合性的规划往往并不能解决这些实际诉求，从这个角度来看，乡村规划应当成为乡村社区共同体表达诉求、达成共识的平台。

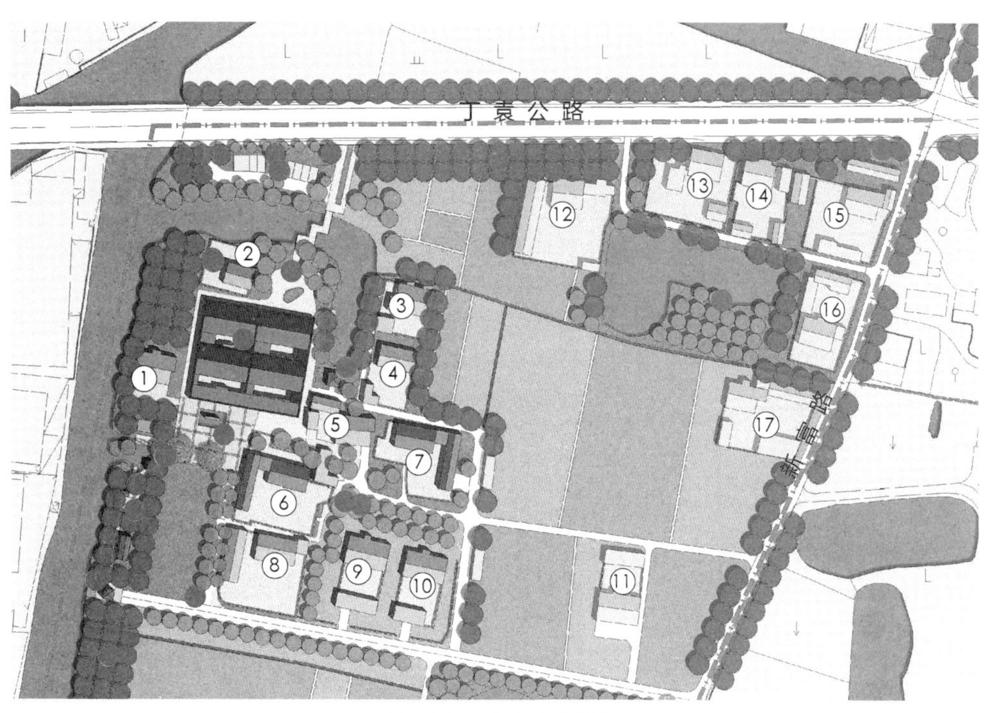

图 3-22　村民住宅编号图

赫山房村村民发展诉求收集表　　表 3-7

编号	人口	住房拆建意愿	道路与停车意愿	设施与场地意愿	旅游发展意愿
1	常住 5 人	无拆建意愿	现可停放在院子里	希望有健身器材、跳广场舞的地方	跟随大家可以一起做
2、3	户口不在，常空	愿意拆迁			
4	租户 2 人	全家住在海宁，基本不回来。拆建意愿看政策			
5	常住 5 人，租户若干	不想拆建	平时停 1 辆，希望东面道路拓宽	平时无活动，一般也不去公园	
6	5 人，多在海宁市区	急切希望拆建，且不愿意迁出	现在需要停 3 辆，院子充裕，道路方便	距村委远，活动一般在市区、镇上，希望有棋牌室、活动室	希望做旅游，对建筑进行改造，发展农庄。如果开发，可以住市里，把房子专做旅游
7	常住 4 人	急切想要原址重建 (5 年前就想了)	平时停 1 辆，院子充裕。希望道路更宽，建成柏油路。希望家门口道路往北通到公路	距村委太远，希望周边有健身器材，希望周边道路和河边环境更好	希望做农家乐

续表

编号	人口	住房拆建意愿	道路与停车意愿	设施与场地意愿	旅游发展意愿
8	常住 5 人	无拆建需求	2 辆车，方便	常绕村散步，不怎么去亭子处，希望有健身设施	无发展意愿
9	常住 3 人	不用拆建		会去花园	无发展意愿
10	常住 5 人	拆建、搬迁取决于补偿	1 辆车，方便	常去旧居	无发展意愿
11	常住 5 人	不想拆建	道路和停车都很方便	平时会去花园旁活动	不愿意做，自己平时就是管理旧居的
12	常住 5 人	才建 5 年，无拆建需求	1 辆车，方便	有时候会去亭子	
13	常住 5 人	房子 29 年了，现有仓库用于储存货物，希望统一规划新住宅	1 辆车，出行方便	从旧居搬迁出来的，白天会去旧居旁休憩，晚上常去东北角游园，认为现状亭子环境不好，地方小	
14	常住 5 人	想要原址拆建，3~4 层	一般停 1 辆，院子内可停放四五辆，道路、停车都很方便	没有地方去活动，很少去亭子处。希望在村里有活动场所、健身场所和活动室	可做旅游
15	常住 3 人	看政策，想要原址拆建	平时在院子里停车，2 辆，出行方便；对道路噪声已习惯；邻近交叉口，没有红绿灯，不安全	不常去旧居活动，常去村委以及东北角游园，自己家也成了村民聚集的地方，希望旁边多一个场地，不用过马路就能进行活动，最好能够对池塘周边进行改造，能绕池塘走一圈	
16	常住 3 人	无拆建需求		希望沿散步的路有一些凳子用于休憩	没有想法
17	常住 3 人	希望改成瓦房，不愿意搬出	现在停 1 辆，可以停放 5 ~ 6 辆；道路很方便，未来最好能拓宽；不受噪声影响	平时会去村子东北角游园，但是觉得太远且不安全，平时会在马路边兜一圈散步，希望有健身房	可做旅游

1. 针对核心问题的规划内容

赫山房村是金庸旧居所在地，由于该社区计划进行武侠主题的旅游项目开发，迫切需要对整体村落面貌进行整治与提升。但是，大量的乡村产业对传统村落的景观面貌造成了较大的影响。同时，原始植被系统，尤其是乔木系统受到破坏，使得传统村落尺度与景观格局特点遭到削弱（图 3-23）。

针对该问题，设计方案以恢复传统村落尺度与景观风貌为目标，选择软质景观要素为切入点，恢复传统江南村落的“水—林—宅—田”的空间层次。通过楔入以水杉为主的乔木植被系统，达到限定景观视线界面、规避负面景观影响、围合公共活动场所、迅速提升传统村落风貌的目标（图 3-24）。

2. 村庄整治规划的特征与作用

与综合性的乡村规划相比，村庄整治规划并非一种综合性的、法定的规划，而是期望从群众看得见、摸得着的“村容整洁”入手，深入实施村庄整治建设，通过改善村庄的生产、生活环境，解决一些实实在在的问题，使农村面貌在较短时期内有所改变，进而使群众体验到新农村建设带来的变化。其通常与乡村道路建设、水利设施建

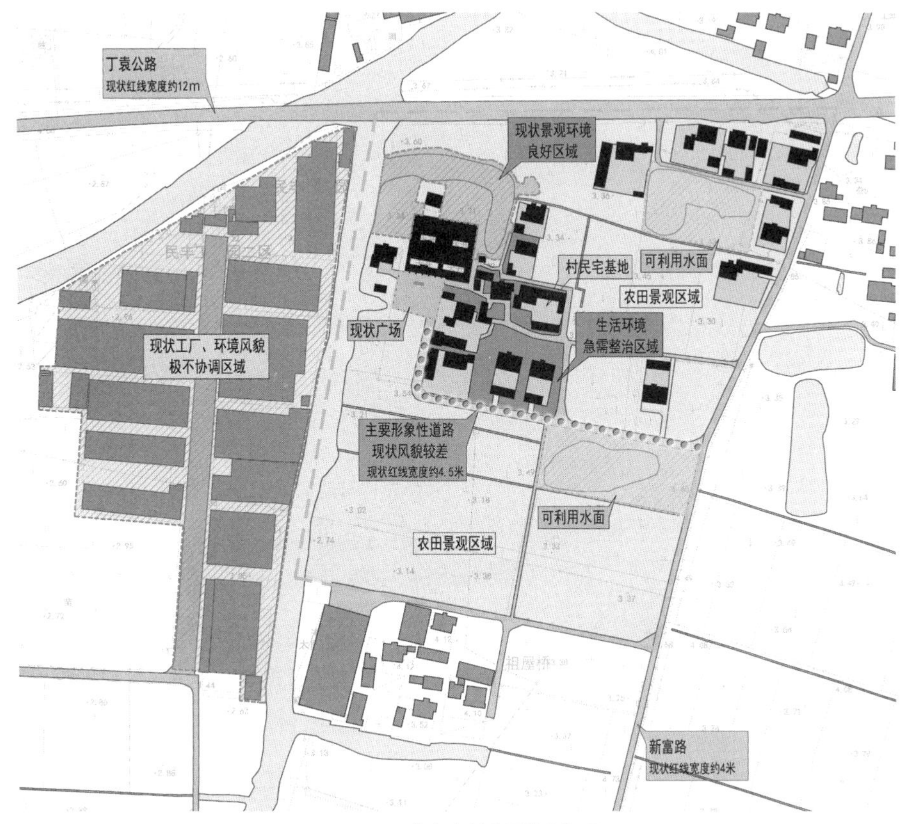

图 3-23　赫山房村发展核心问题

住宅组团北侧林木带，避免南向阳光遮挡，改善聚落小气候条件

彩色叶树种界定游览路径

通过植被系统限定公共空间界面

通过滨水水杉林的种植，规避西侧厂房的负面景观

图 3-24　村落风貌提升

设、土地整理、农村环境整治等工作有机结合，改善村庄人居环境，整治“脏、乱、差”的现状，从而构建和谐的适宜人居的新农村。

根据现状村庄的条件，村庄整治类型大致可分为四类：散户散村及存在地质灾害和易受自然灾害的村庄迁建、村庄就地整治、城中村改造、空心村整治。

在改善村庄道路交通、给水排水、粪便及垃圾处理、防灾减灾等市政基础设施的基础上，村庄环境面貌是村庄整治的重要工作。一般利用现状地形地貌进行绿地建设，如水渠、山林等，形成与自然环境紧密相融的田园风光；二是拆除村庄内部违章建筑，整治建筑立面，种植花草树木，美化环境；三是在村庄出入口、村民集中活动场地设置集中绿地；四是整治农宅庭院；五是整治村庄废旧坑塘与河渠水道；六是引导村民住宅建设的风格。[101]

以江西省宜春市八景镇蔡家村为例，村庄现状布局散、规模小、建设乱，建筑较为破旧，布局密集、混乱，通风、采光、消防等难以保障；同时，村庄环境脏乱差问题突出，公共服务设施及基础设施建设滞后，村内道路、给水、排水、通信等设施都亟待改善。

规划结合村庄自然环境条件，将竹林绿地融入村庄建设之中，形成人、自然、村庄三者间的和谐共处；在建筑整治方面，根据建筑现状，按保留、整治、拆除三种方式分类处理，拆除腾出的空间进行道路、绿化广场、景观环境的改造，并满足通风、采光、消防等规范，新建建筑与保留建筑有机结合；绿化与公共空间方面，增加村内交流活动场地，主要节点包括村入口绿化广场、文化活动场地、水塘休憩场地等；规划新建活动室、办公管理、商店等服务型设施，并集中布局牛棚、公厕、变电站等对环境有一定影响的生产及基础设施；利用本地树种进行绿化种植，节省成本，改善村落面貌，营造自然和谐的田园风光（图 3-25）。

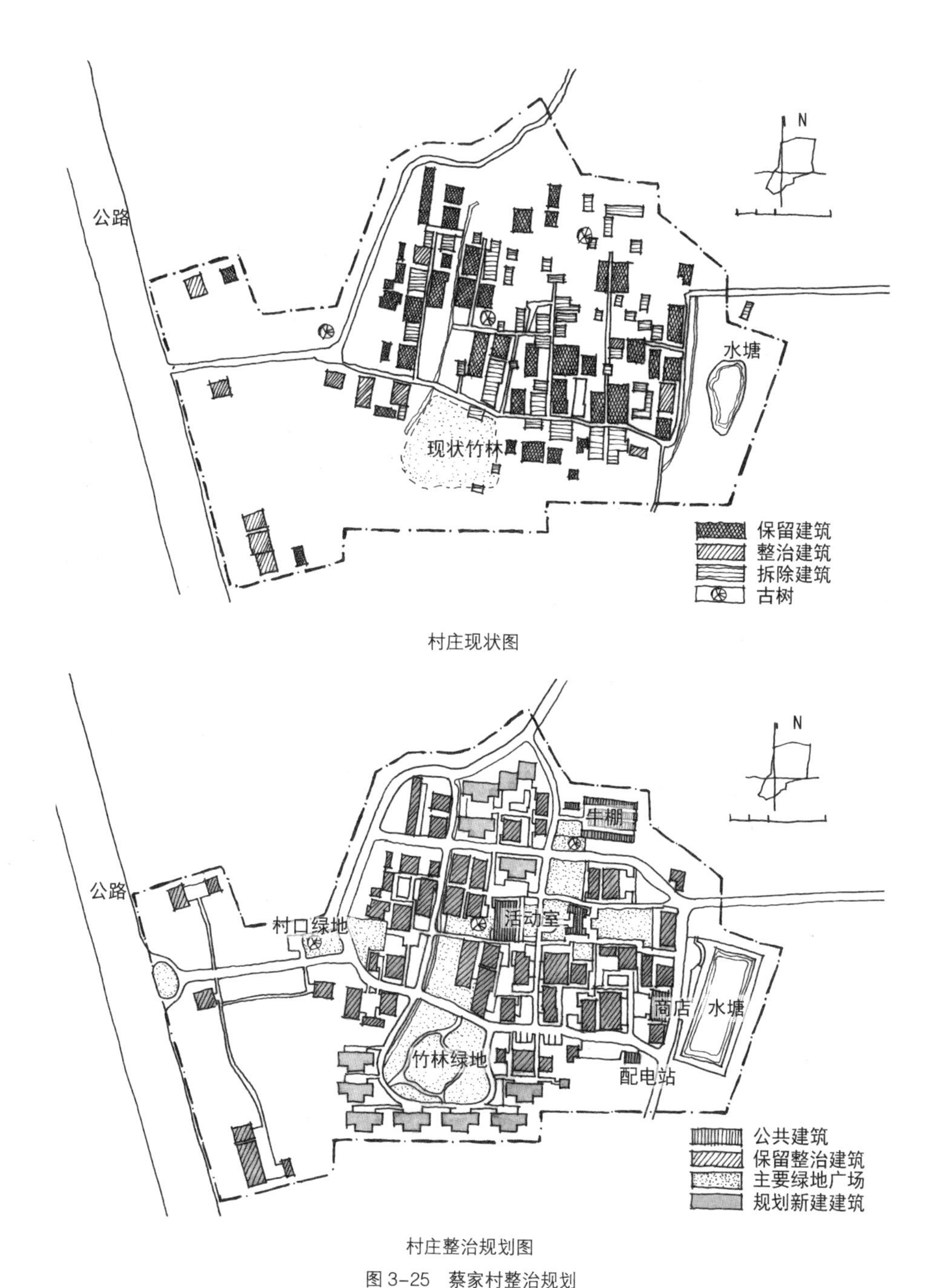

图 3-25 蔡家村整治规划

资料来源：作者根据方明，邵爱云．新农村建设村庄治理研究 [M]. 北京：中国建筑工业出版社，2006. 改绘．

村庄整治规划强调实施性。蔡家村整治规划编制了整治项目库，通过市政专项资金、部门及单位扶持资金、社会捐款、村民出资等方式筹集建设资金，保证项目落实。[102]

浙江海宁市丁桥镇新仓村，也是村庄整治规划的典型案例。该村由政府财政等方面投入资金约 2000 万元，首先对村口及村内主要的节点进行绿化景观建设，对全部

村口公园

村内公园与村庄环境

村内道路

路旁停车位

市政设施入地

电力设施

垃圾分类宣传

住户门前的垃圾分类收集箱

图 3-26　新仓村建成实景

村内道路进行拓宽及硬化铺装并增加停车场地，市政设施入地改造，垃圾分类回收……全村进行了整体性、一次性的综合整治，成为美丽乡村的示范村（图 3-26）。

总体上看，村庄整治规划的核心任务是针对在乡村环境中村民最关心、最直接、最急迫解决的热点和难点，抓住村民参与和政府帮扶的结合点，既注重解决当前村庄整治的重点问题，又充分考虑后续的村庄规划与管理需要。在村庄整治规划的编制过程中，乡村社区的主体性诉求是规划内容的核心关注问题。在整治规划完成后，规划的实施以及村庄环境卫生的管理和维护将是一项长期性的工作。在这个持续性的过程中，以“村容整洁”为切入点，又可反向促进乡村社区共同体的建立。

第 4 章　尊重村民意愿的规划方法

4.1　为什么要尊重村民意愿

村庄社会存在的本土性、土地及资产权益构成的重叠性、生产生活空间的复合性、村民的兼业性等特点及社区老化、集体意识分离等村庄社会经济发展中的问题，直接影响到村庄规划的编制基础和价值取向。不能正确处理和把握这些问题，有可能使所编制的规划与规划的目标背道而驰。而这些问题，都可以通过村民意愿的形式表达出来，所以，尊重他们的意愿是极其必要和重要的，展开而言，包括四个因素。

4.1.1　基于村庄土地和资产的性质

村庄的基本单元是一个家族领地，也被称作自然村。村庄内的土地属于集体所有，村民是村庄的主人，同时，村民的有形资产（承包责任田、宅基地、公共设施等）及无形资产（村庄景观风貌、历史建筑、古树名木等）亦属于村集体或个人所有，这就构成了村庄地区的自然村组小集体，也是土地与资产的共同体。这在某种程度上可称之为“集体私有”的特性与城市的公有制完全不同，故决定了规划的主体是不同的。

同时，从村庄治理形式来看，村庄亦是一个自治体。当前，行使村一级的集体土地所有权的自治组织是村民委员会；行使村级以下的集体土地所有权的自治组织则以村民小组为单位。村庄自治体主要有长老制和协商制。从空间管控的角度看，协商制发挥着重要的作用，通常以村规民约的形式体现出来。村规民约往往会涉及明确的宜建、禁建区规定，有针对性的处罚措施，对土地和空间等各类资源的分配，甚至还涉及建筑退让、建筑形式和建筑高度的具体规定和尺寸。村规民约有书面和口头等不同形式，通过世代传承，对村庄的长效资源管理、环境保护、土地利用和子女教育具有良性作用。在现代社会，村庄规划理应成为村庄自治的重要内容，村庄自治体也理应成为规划的主体。

4.1.2　符合村庄特有的空间体系

村庄空间是在自然环境中产生的，在很大程度上具有自然性，同时也是适应村庄生产生活的结果。所以，可以认为，村庄空间是在地理环境、地形条件、水文因素等自然环境的基础上，结合村庄的农业生产和生活习俗所决定的。因此，村庄空间不仅可以体现出一定的自然环境特征，也可以体现出人类利用自然生存的智慧、本地文化习俗等人文要素。

对村庄中的生产过程和生活习俗进行进一步分析可以发现，往往水资源条件和地形条件会对村落空间布局产生重要影响。另外，村中对于物质资源的充分利用也决定了宅院中部分功能就近布置，而这也正是村民在长期的农业生产和与自然共处的日常生活中摸索出来的。由此可以看出，村中的生产生活方式是村民在与自然环境长期共存中产生的，是在利用自然资源的过程中逐渐形成的。

这种长期以来形成的生产生活方式已经成为村庄的一部分，不仅在很大程度上对村庄空间产生影响，究其本质，更是村民意愿的重要组成部分。村民对于生产的意愿在很大程度上影响着村庄的产业，然而，村庄的产业不同，使得村庄的空间在很大程度上也会发生相应的变化，进而影响整个村庄的空间结构；另一方面，村民对于生活的意愿则会直接影响村落宅院的空间形式，如村民对于居住房屋的意愿、对于养殖禽畜和种植蔬菜的意愿，甚至对于所使用的烹饪燃料的不同，都会在一定程度上影响村民宅院内的空间组合形式，影响村落和村庄的空间构成。因此，村庄的空间结构也是受村民意愿所影响的。

4.1.3 基于规划参与和农民的现代化

村民参与编制规划是十分重要的，规划参与的过程就意味着参与今后的实施和管理。规划一旦编制，实施的结果便可看到，可以不断地对照和调整，但因为规划是合作的成果，所以意味着规划并不可以随意改变。规划如果变更，仍然需要原来的参与人员继续参与，同时也需要更多的人来参与，就意味着由原先小团队的规划和实施最终成了更大团队的参与。

村民参与的过程同时也是沟通、讨论、学习的过程，是为了相关人的成长和相互理解，是促进农民现代化的重要手段。在此过程中，村民往往能够提升民主意识和集体意识，提升对于村庄发展的自信，有助于解决村民与村民之间、村民与村集体之间的利益矛盾，了解较多的外部信息并学习到村庄规划的基本知识。

4.1.4 尊重与挖掘民间智慧对规划的贡献

农民的“命根子”是土地，面对的是有机的自然界。自然环境及农民对自然环境的态度也影响了他们的社会生活，形成了一套特有的民间智慧，在他们对村庄的规划中有着直观的体现。这些智慧可以归纳为两大类：一类是面对外界自然的，一类是面对内部乡土社会的。前者是农民在生产过程中通过对自然环境和土地的认知和改造所积累的农耕智慧，后者是在这样的农耕基础上形成的乡土社会的行为法则。这两种智慧相互依存且相互影响，对待自然界的哲学思想影响到乡土社会的处世之道，反之亦然。

面对自然界，其智慧为顺应自然的哲学思想，无论是村庄的选址、住宅布局还是田园分布，都遵循着朴素的生态观；面对乡土社会，地缘与血缘这两种主要的社会关系下的宗族制度与村庄生活影响着村落的秩序和布局，并有相应的村庄营建的管理制度和法典——乡规民约和民间习俗禁忌。这些思维模式与城市有着较大的差异，究其原因，是城乡生产生活方式不同。在研究村庄规划、编制村庄规划的过程中，不应将这些生活在乡土社会中的农民视为知识浅薄的文盲，而应把他们看成是在特定村庄生活里上懂天文、下晓地理的有着独特的生活智慧的人，将其视为村庄天然的规划师。尊重农民的智慧，才能放下清高的不务实的姿态，与农民一同编制符合他们需求的、尊重他们智慧的村庄规划。

4.2 村民意愿的构成

4.2.1 村民意愿的概念与主体

1. 村民意愿的概念

意愿即愿望、心愿。村民意愿即村民自身的愿望、心愿，不仅包含村民对其所在村庄发展的设想，也包含对其自身生产方式和生活环境的意向。

2. 村民意愿的主体

讨论村民意愿需要从两个方面来看：一方面是村庄整体发展，也就是村集体对于村庄整体发展和集体利益的意愿；另一方面是村民个体的生产生活，即村民对于其所从事的生产劳动和居住环境进行改善的意愿。

因此，在村庄规划中表达村民意愿的主体主要有农村集体组织和村民。

4.2.2 村民意愿解析

1. 村民意愿的主要内容

村民意愿主要分为四种：村庄发展意愿、村民生产意愿、村民生活意愿和村民资产意愿。

村庄发展意愿主要是指村集体对于村庄发展的意愿，包含村庄居民点整体布局、村庄发展的主要产业、村庄对于外来投资的集体意愿等方面。

村民的生产意愿是指村民对于村庄产业发展及收入等方面的个体意愿，在一定程度上是对集体意愿中产业发展相关内容的反映和体现，包含村民个体的收入来源、就业方式、具体的农业生产方式或其他就业方式等。

村民的生活意愿是指村民对于日常生活的个体意愿，在一定程度上是对集体意愿中居住生活相关内容的反映和体现，包含村民日常的衣食住行、对于公共服务设施和基础设施的想法和建议，以及对于环境景观、公共空间等的意愿。

村民的资产意愿是指村民对于自家财产和资产的个体意愿，主要包括村民对责任田和宅基地等土地资产的处理意愿、对房屋迁建的意愿、对新建房屋的出资意愿，以及对村庄的环境风貌、历史民俗等无形资产的意愿。

2. 各项村民意愿关系的解读

总体上来说，村庄发展意愿是村民意愿中最重要的部分，对其他三种意愿起到指导作用，在一定程度上决定了其他三种村民意愿。村民的生产意愿和村民的生活意愿是村民意愿的主体，是村庄发展意愿在村民个体上的细化表达，并对村民的资产意愿具有一定的影响。同时，由于村民的生产生活相互交叉，村民的生产意愿和生活意愿也有一定的关联。村民的资产意愿密切关系到村民的切身利益，是村民较为关切的一部分，很大程度上左右了村庄的发展，对村庄发展意愿起到一定的反馈作用（图 4-1）。

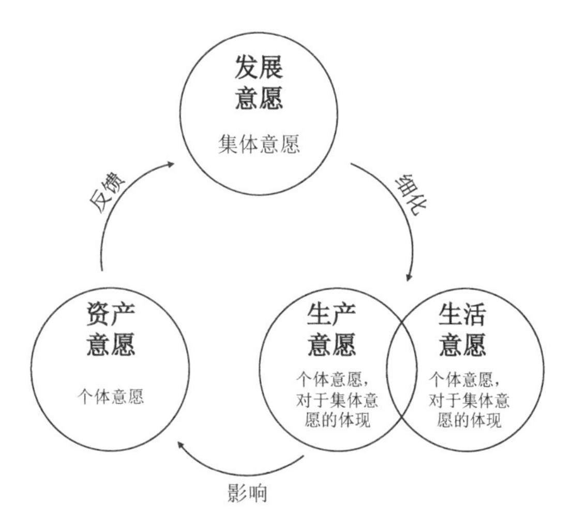

图 4-1　四项村民意愿的关系图

4.2.3 村庄发展意愿

1. 村庄发展意愿概述

村庄发展意愿是村集体对于村庄经济发展、日常生活以及外来资本等与村庄未来发展相关的重大事项的愿望及意向，是村集体的集体意愿。村庄的发展意愿主要通过村民委员会、村民大会、村民投票等集体形式进行表达。

村庄发展意愿主要包括村庄产业发展、村庄居住生活、对于外来资本与项目的意愿、空间形态设想等几个方面。具体来说，村庄产业发展又包括村庄产业选择与发展、生产方式与生产组织形式等；村庄居住生活包括居民点组织与安排、公共服务设施和基础设施安排等；对于外来资本与项目的意愿主要包括外来投资项目的选址及其与村民利益的协调；空间形态设想包括村容村貌的整理、景观环境与公共空间的改善。

此外，村庄发展意愿还包括其他村集体意愿及其他需要村民集体协商所达成的意愿。

2. 村庄产业发展

村庄产业选择与发展：村庄对产业的选择和发展是村集体在村庄资源条件的基础上对于村庄整体产业进行合理的组织与安排，对资源进行充分合理的利用，形成具有一定影响和效益的产业链，带动整个村庄经济发展。对于村庄产业的选择应当结合所在地区的情况，并充分发挥村庄所拥有的资源特色优势。若有村外资本或特定的市场资源等优势条件，在村庄产业选择时应当充分利用。此外，村庄产业选择应当由村干部、村中能人与村民共同商议决定。

生产方式与生产组织形式：村庄产业生产方式与生产组织形式是指对于所选定的村庄主导产业和相关产业，村民经过集体商讨确定生产运作模式、组织形式及利益分配方式等内容，并实现产能合理优化、利益分配公平合理。在产业选择的过程中应当根据村庄产业和发展方向的不同，选择与其相适应的生产方式，如建立农产品加工厂、成立旅游合作社、成立农家乐协会等。在同时发展不同产业时，应当注意各种组织方式间的相互协调和关系。

3. 村庄居住生活

居民点组织与安排：村庄对于居民点的组织与安排是村集体基于交通区位、生态保护、生产区位和自然灾害等原因，对于行政村村域范围内各村民组居民点位置的选择或对于现有居民点的搬迁。在确定居民点的位置时，应当协调各村民组之间宅基地、责任田等的相关利益，避免产生矛盾。

公共服务设施和基础设施安排：公共服务设施和基础设施的安排主要包括村集体对于公共服务设施的增加与保留的意愿，对于新建公共服务设施和重要基础设施的选址意愿，对于相关服务设施的搬迁意愿，还包括对于重要基础设施，如道路、高压线等的走向和其他基础设施的选址意愿等。

4. 外来资本与项目

对于外来资本与项目的意愿以外来投资项目的选址与村民利益协调为主。其中较为重要的内容为村集体对于外来项目选址的意向，其与村庄居民点布局相关。另外，还包含村集体对于外来项目所占用的责任田和宅基地的补偿，以及对于被占地村民就业、生活等方面的后续保障等内容。

5. 空间形态设想

空间形态设想是指村民对于村庄的风貌景观及村内各类公共空间的相关意愿，主要包括村民对于村内活动广场的需求，对于广场选址的想法，对于村内新建房屋外立面的选择，对于村内设置景观小品的意见，对于保留村庄特有景观的想法，对于本村特点的认识，对于保留本村特色的想法，对于如何在新建环境中延续本村特色的想法，对于营造乡村特有景观的想法，以及对于景观及公共空间的其他意愿。

4.2.4 村民生产意愿

1. 村民生产意愿概述

村民的生产意愿是指村民对于其自身所从事的劳动，所种植、养殖和经营以及所参与的合作社、协会或企业等的利益分配模式的意愿。该意愿是村民的个体意愿，同时也是集体意愿中的产业发展部分在村民个体上的体现。另外，由于农民存在兼业现象，村民的生产意愿应当涵盖其所从事的各项工作和劳动。村民的生产意愿应当充分体现村庄的产业状况，反映村民生产内容和生产方式的主要特点。

村民生产意愿主要包括以下几个方面：种植业与养殖业相关意愿，农产品加工业相关意愿，旅游服务业相关意愿，利益分配相关意愿，以及与村民生产相关的其他意愿。

2. 种植业与养殖业

种植业与养殖业相关意愿是指在村民的农业生产中与种植和养殖相关的各方面的意愿。主要包括：村民是否愿意从事种植、养殖工作，是否希望种植新的作物或养殖新的禽畜，村民关于责任田与居住房屋理想距离的要求，村民对于劳作工具和方式的选择、对于禽畜养殖地点的选择等。

另外，还需要结合村庄产业特色和种植、养殖特点，确定与其相关的各项意愿。

3. 农产品加工业

农产品加工业相关意愿是指村民对于村内农产品加工企业或者其他村办工厂企业的相关意愿。其主要包括：村民对于成立农产品加工厂的想法，村民自身是否会参与组建工厂或在工厂内工作，村民对于加工厂的选址的意见，村民对于加工厂处理排放废水废渣方式的意见，以及村民其他与村办工业企业相关的意愿。

4. 旅游服务业

旅游服务业相关意愿是指村民在村内从事与旅游业相关劳动时的意愿。在村庄内的旅游相关劳动多以发展经营农家乐，经营餐厅、茶馆为主，若村庄位于旅游景区周边，则会有酒店等旅游接待设施。因此，旅游服务业相关意愿主要包括：村民对于从事农家体验接待的想法，对于村庄旅游发展的设想，对于经营餐厅、茶馆等的想法，对于在村内建设的酒店进行服务工作的想法，对于担任导游或宣传员为游客介绍村庄的意见，以及与旅游服务业相关的其他意愿。

5. 利益分配意愿

利益分配意愿是指当村民参与到村内集体工厂企业或旅游合作社等组织中，或在企业、工厂、酒店工作时，其对于盈利的分配方式的意愿。主要包括：参与企业、合作社或协会的村民对于组织利益分配方式的意愿，在村内企业或工厂内工作的村民对劳动报酬的意愿，从事种植、养殖的村民对于种植、养殖的理想收入；以及其他与村民利益分配相关的意愿。

4.2.5 村民生活意愿

1. 村民生活意愿概述

村民的生活意愿主要是指对于与生活密切相关的各项建设及对居住生活环境的意愿。其主要包括村民对于居住房屋、公共服务设施、基础设施、景观环境和公共空间的想法和意向，以及与村民生活相关的其他意愿。村民生活意愿是村民的个体意愿，同时也是集体意愿中居住生活部分在村民个体上的体现。此外，村民生活意愿与规划建设的关系较为紧密。

2. 居住房屋

居住房屋意愿是指村民对于房屋选址、内部功能、面积大小、建筑风格等方面的意愿，主要包括：村民对于房屋朝向的要求；村民对于房屋选址的要求；村民所期望的居住面积和居住形式，如独院、合院或楼房等；村民对于所建房屋材料的想法；村民对于房屋风格的想法；村民对于房屋室内功能的需求；村民对于房屋内房间个数的要求；村民对于房屋建筑的其他意愿。

3. 公共设施

公共设施意愿是指村民个体对于村庄内各类公共服务设施的需求意愿，主要包括：村民所需求的商业设施的种类与业态，对于幼托、小学等教育设施的需求和想法，对于医疗设施的需求和想法，对于老年人所需设施的建议，对于体育健身设施的需求意愿，以及村民对于村内公共设施的其他意愿。

4. 基础设施

基础设施意愿是指村民个体对于村内各类基础设施选址、建设的相关意愿，主要包括：村民对于供水方式、供水价格的意见，对于排水方式的设想，对于高压供电线路走向的意见，对于过境道路走向的想法，对于村内道路宽度及材料的想法，对于垃圾回收点选址的意愿，对于供暖方式的选择，以及村民对于村内基础设施的其他意愿。

4.2.6 村民资产意愿

1. 村民资产意愿概述

村民的资产意愿主要是指村民对于其承包的责任田、宅基地以及其他相关财产的意愿。村民资产可分为有形资产和无形资产。有形资产主要包括责任田、宅基地、种植的作物与苗木、养殖的家禽家畜、房屋、所拥有的其他财产、历史建筑和古树名木等；无形资产则主要包括乡村特有的景观风貌、本村特有的民俗习惯、掌握的有特色的民间技艺、特色的传统服饰或手工艺品、无污染的环境与空气、可近距离接触自然环境的机会等。

村民资产中部分为个体资产，部分为集体资产，尤其是无形资产中，集体资产的部分较多。与集体资产相关的意愿需要通过村庄的集体形式进行表达，并需要靠村集体进行集体维护。另外，尚有一部分无形资产并未被村民所意识到，并遭到了一定程度的破坏，在规划中需要就这部分资产对村民进行说明，讲明其价值，唤醒村民对于无形资产的保护意识。

2. 有形资产

村民对于有形资产的相关意愿主要包括：村民如遇征用责任田或宅基地，对于征用方所提供补偿的合理要求；村民对于征用房屋或拆迁房屋的合理补偿要求；村民对于所征用地苗木的合理补偿要求；村民对于新建房屋的选址意愿；村民对于新建房屋的出资构成意愿；村民关于其有形资产的其他意愿。在分析村民的各项补偿意愿和要求时，应当结合市场实际，判断村民的补偿意愿和要求是否合理。

3. 无形资产

村民对于无形资产的意愿应当建立在其充分了解和认识到村内无形资产的内容及价值之上。村民对于无形资产的意愿主要包括：村民对于村庄特有景观的认识，村民掌握的特殊技艺，对于传承特有技艺的想法，对于保存村内历史建筑和古树名木的建议，对于村内民俗习惯传承的建议，对于传统服饰和特有手工艺品宣传的建议，以及村民对于村庄无形资产的其他意愿。

4.2.7 村民意愿汇总

将上述村民意愿进行汇总，形成村民意愿类别、主体、特点及具体内容的一览表（表 4–1）。

村民意愿汇总一览表 表 4-1

类别	主体	特点	意愿内容	
村庄发展意愿	村集体	集体意愿，通过集体形式进行表达	村庄产业发展意愿	村庄产业选择与发展
				生产方式与生产组织形式
			村庄居住生活意愿	居民点组织与安排
				公共服务设施与基础设施安排
			外来资本与投资项目意愿	外来投资项目选址
				外来项目与村民利益协调
			空间形态设想	村容村貌、景观环境与公共空间
村民生产意愿	村民	个体意愿，集体意愿中的产业发展部分在村民个体上的体现	种植、养殖业相关意愿	是否愿意从事种植、养殖业
				是否希望种植新的作物或养殖新的禽畜
				对于责任田至居住点的距离的要求
				对于劳作工具和方式的选择
				对于禽畜养殖地点的选择
			农产品加工业等工业企业意愿	对于成立农产品加工厂的想法
				对于自身是否会参与组建工厂或在工厂内工作的想法
				对于加工厂的选址的意见
				对于加工厂处理排放废水废渣的方式等的意见
			旅游服务业意愿	对于从事农家体验接待的想法
				对于村庄旅游发展的设想
				对于经营餐厅、茶馆等的想法
				对于在村内建设的酒店进行服务工作的想法
				对于担任导游或宣传员为游客介绍村庄的意见
			利益分配意愿	对于参与合作社或协会的村民，其对组织利益分配方式的意愿
				对于在村内企业或工厂内工作的村民，其对劳动报酬的意愿
				对于从事种植、养殖的村民，其对于种植、养殖工作的理想收入

续表

类别	主体	特点	意愿内容	
村民生活意愿	村民	个体意愿，集体意愿中的居住生活部分在村民个体上的体现，与规划建设关系密切	居住房屋意愿	对于永住、搬迁或迁出的意愿
				对于房屋朝向的要求
				对于房屋选址的要求
				期望的居住面积
				期望的居住形式，如独院、合院或楼房等
				对于所建房屋材料的想法
				对于房屋风格的想法
				对于房屋室内功能的需求
				对于房屋内房间个数的要求
			公共服务设施意愿	所需求的商业设施的种类与业态
				对于教育设施的需求和想法
				对于医疗设施的需求和想法
				对于老年人所需设施的想法
				对于体育健身设施的需求
			基础设施意愿	对于供水方式及供水价格的意见
				对于排水方式的设想
				对于高压供电线路走向的意见
				对于过境道路走向的想法
				对于村内道路宽度及材料的想法
				对于垃圾回收点选址的意愿
				对于供暖方式的选择
村民资产意愿	村民	分为有形资产意愿与无形资产意愿，但一些无形资产的价值未被重视	有形资产意愿	土地资产相关意愿
				苗木等作物资产意愿
				房屋资产意愿
				新建房屋意愿
			无形资产意愿	对于村庄景观风貌的意愿
				对传承特有技艺和风俗习惯的意愿
				对传统服饰和手工艺的意愿
				对村内历史建筑和古树名木的意愿
				对改善社会福利的意愿

4.2.8 村民意愿的特点

1. 高度的关联性

村庄的产业发展意愿决定了村民生产意愿的相关内容，而村庄居民点的迁并意愿又与村民的生活意愿和资产意愿息息相关，村民对于景观和公共空间的意愿也牵扯到对于村庄无形资产中的景观风貌的认识，因而村民的各种意愿是相互影响和相互关联的。

2. 客观的真实性

村民意愿多是村民基于自身的生活和生产所产生的愿望，在一定程度上体现了村庄和村民的实际情况，是规划师了解村庄的重要途径，也是使规划方案切实可行的重要依据。

3. 一定的局限性

部分村民对于产业发展的认识不足，对于村庄的特色风貌的潜力缺乏了解，导致一些村民在产业发展意愿上较为盲目，并偏离了实际的产业发展规律，这些在规划中需要进行辨识。另外，在生产组织模式中，村民对各种组织形式、盈利形式以及利益分配模式也会有认识不足的情况。

4. 对村民意愿的分析

一是要充分了解村民意愿。规划师所需要做的不仅是在村民表达其意愿时耐心沟通与理解，更需要在产业发展选择时为村民讲解更多的产业发展道路和生产组织模式，使村民在充分了解村内独特资源价值的基础上，选择适合其村庄发展的产业和生产方式。

二是对于村民意愿的过滤。由于村民意愿存在一定的局限性，如过分夸大村庄资源优势，盲目恢复已不复存在的历史遗迹，设定不切实际的发展目标等，在对于村民意愿的选择和处理中，应加以注意并进行甄别。

三是结合村民自身条件进行判别。村民意愿是村民在其目前的经济条件和认识条件下所表达出来的，因此某些意愿在未来村庄的发展中并不需要，如追求过大的房屋面积多是因为从事种植业和养殖业的家庭需要存放农机具或是有进行养殖、晾晒作物等需求，但如果建立了集中的养殖点或集中存放农机具的场所，则并不需要如此大的房屋面积。

4.3 村民意愿的采集方法

采集村民意愿主要是在规划调研阶段完成，并在后续不断补充完善。调研中，有别于城市规划偏重于对空间的调研，村庄规划调研强调对乡村社会发展的调研，而社会发展调研或是社会学研究更强调人与人的沟通，考虑到中国乡村地区的特点，只有和村民们“打成一片”“交心交底”，由村民“口传心授”，才能获得村民最真实、最全面的意愿（图 4-2、图 4-3）。

将村庄规划的调研阶段分为前期准备、现场调研、共同策划等 3 个子阶段，可汇总形成以采集村民意愿为主的调研成果，以指导村庄规划的编制，同时用规划编制的成果检验是否尊重或满足了村民的意愿，在规划调研与规划编制间形成双向循环。

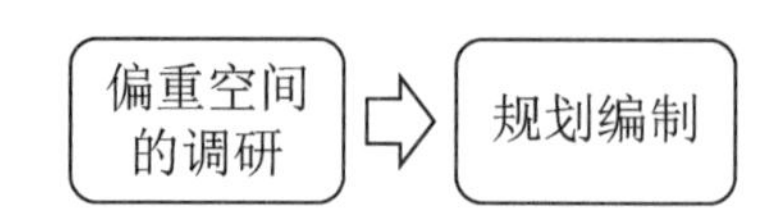

图 4-2　以空间发展为主的城市规划调研特点

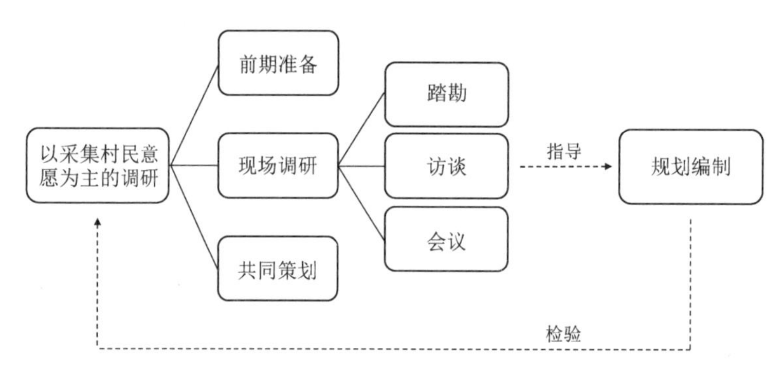

图 4-3　以社会发展为主的村庄规划调研特点

4.3.1　遵循的原则

在采集农民意愿之前，规划师应当了解到村庄规划的核心是“和农民打交道”，这与和城市规划中的市民打交道有不同的特点。所以应当遵循一些原则，围绕这些原则，具体的方法才能展开。

言语朴实——尽量避免使用专业的规划术语，而多运用“接地气”的词语，或形象大众化的比喻，以消除专业与非专业之间沟通的障碍。

真诚沟通——多采用“套近乎”“唠家常”的沟通方式和技巧，使村民消除警惕心和戒备心，与之打成一片，礼尚往来，形成交心的沟通。

积极引导——在沟通中注意积极主动地引导，以消除分歧，达成有共识的、科学的、合理的意愿。

提高效率——提前做好各项准备工作，注意选择规划的方法，做到省时省力而能解决问题；同时，调动村民作为编制规划主体的工作积极性，提高规划的效率和效果。

4.3.2 前期准备

重视规划的前期准备工作，有助于充分了解和掌握现状情况，在现场调研的有限时间里发挥最高效率，采集意愿的效果会更好，前期准备工作应占整个规划工作量的20%~30%。

1. 制定调研计划

包括制定时间计划、人员计划、会议计划、差旅计划、成本计划、沟通计划等内容。

时间计划：一般和乡村干部协商确定调研的时间安排，并及时告知乡镇政府的主要负责人员。应优先选择村民聚集的时节或村庄热闹的节日，有助于接触更多村民和深入体验村庄的特色；应避开如洪水、泥石流、台风等气象灾害多发的时节；应避开村民农忙和赶集的时节；同时需要详细制定每日调研的内容。

人员计划：根据项目实际情况合理确定调研人数和任务分工；尽量安排开朗健谈并且业务能力强的规划人员；尽量安排熟悉当地方言的规划人员；鼓励不同专业背景的人才参与规划，如建筑学、社会学、生态学等。

会议计划：有别于城市规划一般由政府部门组织安排会议，村庄规划的调研会议的计划一般由规划师主导，协同村民委员会组织安排。所以，调研前需要制定详细的会议计划，有助于村民提前对规划有所了解并及时准备；调研时的会议一般是非正式的，但仍然应该明确会议目的、讨论议题、拟邀请参加人员、场地要求、时间要求等，并和乡村干部商讨确认；可邀约相关利益者，如各级政府及相关部门、企业等召开座谈会，了解他们的意愿。

差旅计划：有别于在城镇中调研，调研村庄规划的交通出行和食宿安排一般需要当地政府协助安排。

沟通计划：需建立当地各级政府的相关负责人员、村内负责人员、其他相关利益者等的通信录，记录姓名、单位、职务、通信地址、手机、QQ、微信、邮箱等信息，并有必要与所有相关利益者共享。随着项目持续推进，通信录应及时更新。

成本计划需要考虑到村庄规划的资金支持通常较少（相比城市规划），需要本着节俭节约的原则，合理制定项目的成本计划。

准备调研物资有别于物资相对充足的城镇，乡村里的物资相对匮乏，因此很多物品需要自备并准备充分。考虑到村庄的特点，准备的物品亦有别于城市调研。

规划内容类：村域地形图、村落地形图、调查问卷、基础资料等；

文具类：包括马克笔、圆珠笔、便签纸、白纸、图钉等；

电子设备类：包括投影仪、摄像机、照相机、激光笔、充电宝、上网卡等；

应急药物类：包括防止中暑、蚊虫叮咬、肠胃不舒服等；

生活用品类：包括床单、睡袋、消毒水等；

礼品类：准备与村民访谈和会议后赠送的小礼品。

2. 收集并研习资料

有别于城市基础资料分散在不同的政府部门，村庄的基础资料相对集中，所以在调研前的准备阶段就可以收集较全，有助于在村民意愿采集之前对村庄的基础情况有所了解。

资料收集分特定和不特定的资料和意见。不特定的资料收集可以采用问卷方式，了解住民最关心的问题及对未来的设想和意愿，问卷应以政府的名义发放和回收，可以邮寄和网上收集。

首先，基础资料的收集和研习包括乡镇及村内的各类基础资料：

人口资料，包括各村庄人口的历年变化情况、各村庄的暂住人口和流动人口数量、各村庄户数、各村庄人口结构（年龄、性别比例）等；

交通资料，包括区域中的水运、道路、铁路、航空等；

生态环境资料，包括村庄及周边主要湖泊、河道的状况，如湖泊的名称、面积、生态保护要求，水利设施，水源保护区范围，大气水体及噪声环境评价，灾害发生及分布情况等；

建设管理资料，包括近年所有建设项目资料、向上级统计局上报的统计报表等；

文化历史资料，包括乡志、镇志、村庄大事记、家谱、古地图、文保单位和文保点、名胜古迹、以往的历史保护规划等；

相关规划资料，包括所有上位规划、相关规划、各类专项规划（土地利用规划、交通专项规划、水利专项规划等）；

基础设施资料，包括给水排水、能源使用、防灾减灾、环境卫生、学校、医疗机构、活动站等；

农业发展资料，包括农业发展现状、农林牧渔的面积和比例、农作物的分布情况、播种面积及经济效益以及农业发展设想等；

工业发展资料，包括乡村工业发展现状和经济效益、企业清单、重点企业介绍、工业发展设想等；

服务业发展资料，包括旅游资源（景点、特色、线路分布）、已有旅游项目的情况、服务业的经济效益、旅游客源数量及淡旺季分布、床位数量、服务业发展设想等。

其次，有别于城市的地形图容易获取，乡村地区很可能无法直接获取地形图，需要向县级以上的土地管理部门索要获取，或提前通知相关部门测绘。

1:5000~1:10000 地形图用于村域规划，可以是纸质图纸或电子版图纸，一般由县级以上的土地管理部门提供。

1:500~1:2000 地形图用于居民点建设规划，应当是电子版图纸，并尽可能全面反映现状地理信息。

最后需要发放并回收村庄调查表。在调研前交给乡村干部填写并收回，有助于快速了解村庄的基本概况，对专项的基础资料收集起到很好的补充作用。

3. 初步方案构思

尝试在调研前根据掌握的基础资料来绘制现状图纸和构思初步方案，虽然方案并不成熟，但仍有助于强化对村庄的认知、提前发现问题、提高现场调研的工作效率。

4.3.3 现场调研

城市规划普遍采用“自上而下”的调研方式，而村庄规划以采集农民意愿为主，故建议采用“自下而上”的调研方式，即村庄—乡镇及其他外部环境的调研顺序。调研阶段可采用的工作方法有踏勘、访谈、会议、问卷等。

1. 踏勘

踏勘不仅能直观地理解乡村的空间特征，更能体验和感受村民生产和生活的状态及生态的特色，用心发现村庄存在的问题。调研时可结合访谈，或多和不同的村民沟通，以提高工作效率，取得有价值的信息；切忌走马观花，机械式完成任务。

（1）建议由村干部带领、陪同，可降低村民的戒备心，并随时沟通，获取大量的口头信息。可随时与调研的对象交换看法，了解调研对象的意愿。

（2）在踏勘过程中，可将规划的策略及时向村民引导灌输。

（3）标记和基础资料有出入的内容（如房屋新建或改建、道路改线等），并向村民求证。

（4）除了山林保护区或其他特殊区域外，应踏勘整体村域范围，并重点踏勘调研特色资源点和集中建设区等。

2. 会议

会议是采集意愿的最重要的方法，帮助不同的对象了解彼此的看法，通过重复交流讨论，集思广益。会议中一般是村干部说得多，而很多人由于性格、社会关系、职位等原因不说话，所以，规划师应注意营造氛围，调动积极性，引导会场上的每个人参与进来发表意见。

（1）建议选择的村民代表：村长、村书记、组长、会计、能人、德高望重的老人、妇女；

（2）可选择的会议议题：村庄的历史，村庄的概况，现状的问题，对于产业、土地，生产、公共设施、村容村貌等方面的发展意愿，同时注意在各个议题中发挥规划师的引导作用；

（3）出现矛盾的观点时，注意分析发言者的职务、背景与其观点的关系，有助于找到矛盾的症结；

（4）通过照片、录音、签到等方式真实记录会议过程，体现规划程序的合法性。

3. 访谈

考虑到会议中可能存在有人不善言谈，有不同的想法、看法而不敢表达，遗漏掉行动不便的老者等因素，所以访谈是对会议采集意愿的重要补充，有助于了解小众的意愿、更隐秘的意愿或更深入翔实的意愿。在访谈过程中，往往会有意外收获。

访谈占用时间长，效率较低，所以尤其要注意选择访谈的对象，如村会计、村内老者、家庭妇女、儿童、学生、能人巧匠等有代表性的人。面对面的工作方法可以集中听取意见，讨论地点尽可能方便参会人，桌子的摆放可成“口”字形或“U”字形，要给更多的参会人发言的时间，而不是组织者。

（1）讲话的语气不是训导式、公务式，而是和谐的对话式讨论，尽量避免专业术语；访谈的内容应该有针对性，减少无用的信息，提高访谈的效率；资料应图文并茂，简明易懂。

（2）善用草图、图示等方式沟通信息。

（3）讨论过程中，适当的总结十分重要。

（4）访谈结束应赠送礼品，表示感谢。有时村民会主动邀请规划师来家做客，盛情款待，甚至赠送土特产，为此，规划师更应有所准备，做到礼尚往来，礼轻情意深。

4.3.4 共同策划

提倡村民全程参与规划，尤其是前期的调研与方案构思，即和农民共同策划方案。这不仅是规划讨论与学习的过程，更是村民之间利益沟通的渠道，是规划协调的重要过程。

共同策划即指以研讨会的方式，和村民一起编制规划，解决问题，共谋发展，使规划反映村民的真实诉求，体现规划的合法性。首次的共同策划建议“趁热打铁”：安排在现场调研期间进行。可以和调研会议合并召开，亦可隔日召开。

（1）讨论的层次：村域、居民点两个层面的发展和建设。

（2）会议分组：考虑到各方利益的充分表达，需要进行合理的分组，可将居住地点、年龄、职业类别等作为村民分组的首要依据，各组可配有规划师、各行业专家、乡镇领导等。一般各小组人数在 6~12 人为宜。

（3）规划师的作用：主持会议、绘制图纸、介绍方案、引导发言和思考、维护规划的科学性和合理性。在介绍方案的过程中要有所提示，并形成自由发言的氛围，同时还要明白意见中的赞成和否定等，在不同人群的意见中整理出共同关注的内容（如公共绿地、景观河道、环境污染等），必要时还要进行专题讨论。

（4）方案绘制：将之前调研采集的意愿反映在规划图上，变为 2~3 个规划方案以供充分讨论；方案之间应体现意愿的矛盾和差别性。

（5）可选择的议题：产业转型、旅游服务、生态与景观建设、村庄建设、居民搬迁、管理制度建设等。

（6）记录过程：通过照片、录音、签到等方式真实记录会议过程，体现规划程序的合法性。

4.3.5 村民的工作

发挥村民自治组织的作用；建立村庄的规划民主制度；普及村庄规划的知识；宣传国家及当地的规划、土地、建设等方面的政策方针；做好村内基本数据的统计工作；向规划师提供基础资料；做好村内会议的组织协调工作；做好现场调研的陪同工作。

第 5 章 理论总结与研究展望

5.1 理论总结

5.1.1 乡村内生发展是循环上升的过程

乡村外生发展模式的特征，体现为单向线性模式，以经济增长为诉求，通过政策资本的介入，实现经济指标提高的目标。但在发展过程中，由于只关注经济增长，忽略了对非经济内容的重视，会带来地方发展主体性丧失、增长掠夺性、不可持续性及贫困循环等衍生问题，而这些衍生问题是无法在外生发展模式的自身线性系统中予以解决的。

外生发展的核心是促进经济增长，但随着国际社会对于发展观认识的变化，在经历了经济增长观、现代化发展观、综合发展观后，最终形成了以人为中心的可持续发展观的共识。在这两个背景下，内生发展模式于 20 世纪 70 年代出现于社会学领域，并在之后不断发展成熟。进入 21 世纪，内生发展理论开始系统化地运用于全球乡村地区。通过对国内外乡村社区内生发展模式理论研究的文献综述及归纳总结可知，乡村内生发展的特征表现为以下四个方面。

一是自主发展的诉求。强调发展的动力来自乡村地方社区，重视地方人群在乡村发展中的主体性地位。

二是基层组织的协调。当面临外部市场的环境下，乡村社区的个人群体不可避免地处于弱势地位，信息不对称与资源不平衡等现实条件将严重制约内生发展模式的实现。基层组织的作用表现为两点：对内形成发展合力，对本地发展要素进行整合；对外联系市场需求，使基于本地资源形成的乡村产品能够在城乡统一市场中寻求价值的实现。

三是全面福祉的提高。发展的重点，不仅在于经济的增长，同时也包含了经济、社会、生态、文脉传承等多因素的地区福祉的全面提高。

四是自我成长的能力。乡村社区的本地人群能否在参与乡村发展的全过程中获得收益权，并实现自身能力的全面发展，是评价内生发展是否实现的主要标准。

与外生发展模式相比，乡村内生发展的原动力产生于乡村社区内部，地方人群在发展的过程中始终保持主体性地位，并参与乡村发展的全过程。同时，地方人群通过基层组织的整合与协作，参与城乡市场竞争。在发展过程中，虽然重视促进乡村经济发展，认为经济发展是实现可持续发展的基础与必要途径，但不以经济为惟一评价要素，力求综合性解决乡村社会、环境、文化等方面的问题。最后，乡村内生发展的目标是实现乡村社区地方人群自身能力的全面发展。

最终，随着人的能力的提高，又会形成新的发展诉求，从而实现可持续、循环型的螺旋上升的体系与结构。

5.1.2　体现内生发展特征的乡村规划具有可持续性

在乡村规划理论的历史流变过程中，由于受到包括地理学、经济学、生态学、社会学等研究的影响，在逐步实现理论拓展的同时，也受到了各个学科研究视角的影响，在理论体系中构成了内生、外生发展要素并行存在的格局。其中，地理学、经济学研究侧重于从城乡关系、经济运行效率的角度进行研究，在发展过程中更多地体现出外生发展模式的特征；社会学、生态学研究由于基于乡村社区、乡村本地人群、乡村生态系统的独特性等视角展开，更多地体现出内生发展的特征。

从我国近现代乡村规划主要的实践总结来看，在历史流变中的大部分时期，外生发展特征的乡村规划是我国乡村规划实践的主流，主要表现为：规划的诉求产生于乡村社区之外，规划的推动力来自于政府自上而下的政策力，规划编制内容主要是为了实现国家制造的乡村发展的目标，是综合性甚至是套路式的。

但是，从规划实施的可持续性角度分析，大多数外生特征为主导的乡村规划实践，由于往往具有“运动”性的特征，缺乏可持续性，同时，还会造成包括环境破坏、社区分隔、文化多样性丧失等在内的多种现实问题。

在这种背景下，乡村规划与内生发展进行结合，有助于改善传统的外生发展模式下乡村规划的弊端，使乡村地区的地方人群可参与乡村发展的全过程，提高社会参与度，提升自身全面发展的综合素质，并最终实现提升乡村活力的目标，增加乡村规划实践的可持续性。

首先，在理论层面，需要进一步借鉴农村社会学、农村生态学领域的研究成果与思想，完善乡村规划理论的体系。

其次，在我国乡村规划实践层面，需要在乡村规划的全过程中激发与尊重乡村社区的内生诉求。由于在规划组织、编制、决策、实施的全过程中，村民得到了实际的参与权、决策权，乡村规划已经成为乡村社区的发展共识，乡村社区自下而上的自主发展诉求得到了激励与培育，这对于保障规划实施的可持续性具有重要的作用。

第三，在乡村规划的具体实施过程中，乡村各类基层组织需要从自下而上的角度在不同阶段产生作用。例如：在组织编制阶段，乡村行政组织需要负责调动村民参与的积极性，安排有助于村民意愿收集的规划协调机制；在规划实施阶段，乡村经济组织需要主动对接市场需求，形成乡村价值的实现；乡村自治组织需要进行乡村社区的营建，形成乡村内聚发展的动力。

5.1.3 乡村规划应当成为促进社区共同体形成的平台

党的十九大报告正式提出了乡村振兴战略，确定了农民主体地位的建设原则，并以提升农民的获得感、幸福感、安全感为发展目标，注重在发展过程中的城乡融合、人与自然共生、全面发展、多样性保护等要素，体现了国家政策对于在乡村规划中运用内生发展理论的重视。

内生发展理论的运用，主要是强调依靠城乡统一市场的支撑作用，使乡村地区的资源形成交换价值，吸引城市资金、人才和政策支持。要实现这种发展目标，首先要挖掘与利用乡村地区本土资源，包括其自然气候特征、历史人文格局、生态环境特色等。在挖掘乡村社区本土资源并形成城乡市场中的交换价值的基础上，由于外来要素，如资金、人才、政策等的介入，将有效改善乡村产业单一化的经济增长方式，使乡村产业向多样化方向发展，增加乡村地区居民的收入方式，提高乡村经济的发展水平。

乡村规划在这个过程中，首先需要把关注重点集中在产业发展规划上，为乡村发展提供根本性的保障，同时，关注乡村历史文化资源的挖掘、生态环境的保育与利用，梳理区域需求与产业经济对接的空间与非空间机制，整治乡村社区生活环境。

通过上述途径，乡村规划实质上在乡村发展的过程中搭建了一个沟通外部需求与内部诉求、整合本地资源与外部市场的平台。在这个平台上，乡村社区的本地人群始终作为发展的主体，参与乡村规划的全过程，同时形成了乡村规划各相关利益主体的沟通与协调机制，促进了乡村发展中社区共同体的形成。

通过内生发展与乡村规划的结合，可以使乡村地区地方人群提高社会参与度、提升自身全面发展的综合素质。在参与的过程中，村民对于村庄发展的热情得到促进，乡村发展成为社区的内在诉求。同时，村民能够在乡村规划的编制与实施过程中通过参与获得经济收益与精神满足，从物质与精神两个层面实现幸福感的提升，并最终促进社区共同体的成熟与社区活力的提高。

5.2 研究展望

5.2.1 规划实践的进一步检验

本研究是以文献研究为主体的基础研究，由于研究时间、资料获取的完整性等方面的因素，所选取的乡村规划理论与实践的历史素材并不能保证完全囊括历史上真实发生的情况，利用这种拼图式的历史研究方式所得出的结论，往往需要根据新的历史资料，予以补充，甚至颠覆。

其次，本书从理论层面论述了在我国乡村规划中运用内生发展理论的必要性与途径，结论中提出的乡村规划与内生发展结合的途径，需要进一步运用于乡村规划实践中，并对规划实施的效果进行追踪调查。接下来，实践篇的案例应用部分希望体现这种思考，但由于成书时间跨度的影响，对于规划实施效果的追踪与研究需要在今后的工作中进一步深化。

5.2.2 内生、外生发展模式在乡村规划中的结合

外生发展模式与内生发展模式在乡村规划中各有优缺点。本文的研究目标仅在于从内生发展视角出发，提出对于乡村规划的完善建议，并不是否定外生发展的作用与意义。

虽然外生发展模式会产生论文分析中说明的一些问题，但其对我国乡村发展产生了明显与积极的作用。同时，内生发展模式也不是乡村发展与乡村规划的惟一途径。我国乡村发展面大量广，对乡村社区的影响因素差异巨大，在下一阶段的研究中，需要借鉴内生与外生两者各自的优势，寻求内生、外生发展模式在乡村规划中的结合。

实践篇

授之以渔的陪伴式设计：山西省·吕梁市·长门村[①]

扶贫也是扶志，要让村民认识到自身的价值。规划师在与村民交往中应更多地强调视野的拓展和情感上的沟通，真正的扶贫是让村民知道这个社会在关心他们。产业支撑以及经济活动只是一种手段，其最终目的是社会的一种完善，是让人们自觉地认识到生活的价值。

扶贫规划怎么做？

1. 规划能做什么

居住在贫困地区的农民所创造的经济价值，在整个国民经济中的占比非常低，能直接进入市场经济的价值少，这些农民的生活状况也因此往往处于被忽视的境地。

类似于长门村案例，大部分贫困地区都处于偏远山区，同时也属于需要生态保护的地区，所以这些地区的发展往往受到很多客观条件的制约。分析导致这些地区陷入贫困的原因，有以下几点：

第一，自然灾害。从规划的角度看，贫困地区往往是自然灾害时有发生的地区。由于各种自然因素的限制，这些地方基础设施差，村民要过上现代化的生活，成本会很高，而且一旦发生灾害，无论村民自救还是国家救灾行动，都会成为问题。

第二，资源承载力有限。过去，为了控制人口增长，提出了计划生育政策，但是贫困地区反而成了计划生育的薄弱环节。这些地区本来就不适合大量人类生存，可那里的人口反而增多，导致了人口和资源的矛盾非常突出，也是导致大量人口外流和空心化的原因。

第三，大病致贫。国家在农村医疗和养老保障等各方面的社会福利还不够完善，农民看病难问题突出。现在很多贫困地区的年轻人外出打工，村庄中老年人居多，平时小病不看，导致小病酿成大病，大病致贫是贫困中最棘手的问题。虽然现在很多乡村地区办起了合作医疗，但是资金有限，大病的医疗费用无法承受。

第四，旧俗未改。很多贫困地区的婚丧嫁娶还在大操大办，相互攀比，彩礼水涨

① 山西省吕梁市岚县是中国科协定点帮扶贫困县。2017 年，科协邀请中国城市规划学会提出助力长门村精准脱贫和美丽乡村建设。2018 年，《山西省吕梁市岚县长门村村庄规划》由上海同济城市规划设计研究院有限公司编制。

船高，一次婚礼就耗尽了一生大部分的积蓄，导致更加贫困。再加上很多妇女都不愿意嫁到山区，更拉大了山区和平原的差距和城乡差距。

第五，子女教育。乡村现代服务资源有限，子女教育问题突出，导致大量的青年人出走，与教育资源和办学条件有限有直接的关系。

第六，精神贫穷。贫困山区自古以来人口比较稀疏，与外界沟通少，信息获取难，导致生活乏味和精神空虚，创新能力有限，内生动力不足。

虽然这些问题不是规划能够完全解决的，但是规划要考虑这些因素。从规划的角度看，贫困地区往往是人口稀少的山区，还是应以生态保护为主。宏观上，国家要有转移支付的相关政策配套，生态建设也需要国家大力投入，这也是变相增加就业的一种方式。现在乡村人口减少了，增加村民的可支配收入很有必要。

2. 不同地区的扶贫策略

我国东部地区乡村和西部地区乡村的特征不同。

东部地区人口和城镇密度大，村庄距离城镇较近，村庄外出人员回乡频率高，村庄的社会资本也相对比较雄厚，以城带乡式的脱贫容易实现。事实上，在有组织的、多元主体参与的规划过程中，村庄外出人员能够起到重要的作用，规划过程也成了村庄运行和集资的过程。

西部地区地广人稀，同时往往需要兼顾生态敏感和脆弱地区的生态保护功能。这种情况下，可以通过有计划的投资，引导人口向县城和中心镇集中，从而解决脱贫问题。在这个过程中，自上而下的政府扶持应该是扶贫策略的主角，在此基础上，规划需要同时考虑如何自下而上培育乡村社区的内生动力。

3. 规划如何实施

乡村规划涉及的问题很多，规划师对于村庄的实际生活状态，包括土地使用、村庄运营、资源管理等往往了解较少。因此，规划的过程中要鼓励村民参与，唤醒村民的主体意识，让村民成为最终受益者。同时，政府应该承担一部分公共事务，比如医疗、教育和卫生等问题靠村民自身的力量是很难解决的。

农村大部分的生活和生产活动是按照生态系统运作的，很多生活垃圾是自然消化和降解的，具有一定的自我循环和修复能力，但是现在的规划往往对这一情况视而不见，这就造成了乡村大量废弃物的堆积，导致农村生活成本提高，再加上很多村民对此现象也不以为然，导致村庄的生活环境混乱无序。

此外，老龄化、村民无力治理环境等因素也导致贫困地区的景观变得混乱不堪，人们也逐渐对家乡振兴失去了信心。所以，扶贫也是扶志，要让村民认识自身的价值。规划师与村民的交往中应更多强调的是拓展视野和情感上的沟通，真正的扶贫是让村民知道这个社会在关心他们，这对他们的生活是很有意义的。产业支撑以及经济活动只是一种手段，其最终目的是社会的一种完善，是让人们自觉地认识到生活的价值。

乡村规划是一个过程，要系统、有步骤地去研究。从对象到问题，再到介入，最后到落实，每次讨论会都要有记录，这些记录都要作为乡村规划成果的一部分。乡村规划的过程中，规划团队需要与每一个村民讨论，因为只有这些村民最了解问题本身，讨论过后会形成一个共同的想法，随之策划一些实施项目。规划人员需要研究哪些项目需要政策扶持，哪些是村里自己必须做的，项目的次序怎么安排，譬如：农作物都有生长周期，用地种植结构转型需要几年的时间，转型的这段时间里做什么？规划的同时需要列出一个具体的运行计划。

长门村的基本特点

通常，人们把丘陵、山地和比较崎岖的高原统称为山区，除去不适宜人居的高原地区，我国丘陵和山地约占国土总面积的 43%，在山区村落大约居住着 3 亿人。由于地形复杂、村落分散、交通不便，不适宜发展规模农业，也不适合城镇化。与平原地区相比，山区的社会经济发展地位相对较低，往往会成为贫困的代名词。山西省吕梁地区大山深处的长门村就是这样一个普通的山村。

长门村距山西省省会太原市 130km，距岚县县城车程半小时，和大多数山村一样，村落沿着一条山涧呈带状延伸，村域面积约 25km^2（图 I–1）。

图 I–1　长门村现状航拍（2018 年）

1. 社会经济发展情况

长门村全村总户籍人口 560 人，规划现状年仅 30% 的村民常住长门村内，村内 50 岁以上的村民为主要的劳动力。全村村户中，有家人外出打工的户数占比 50% 以上，主要打工去向是岚县县城和省会太原，从事小生意、厨师、装修等工作，回家的频率很低，一年 2 次左右。村庄发展体现出非常明显且典型的老龄化及空心化特征（图 I–2）。

村民收入主要来源为务农与打工，户均收入约为 1 万 ~2 万元 / 年。外出打工收入相对较高，做大工可达到 300 元 / 天，村内务工收入相对较低，村内人均耕地面积约为 5 亩，收入在 500 元 / 亩左右。传统农业收入低，同时受到气候变化影响较大。

长门村村集体每年收入约 1 万元，为集体用地的承包收益，没有形成产业型的村集体经济收入。扶贫过程中，岚县政府支持该村进行大棚种植，结合果树配合养殖，发展林下经济（图 I–3）。

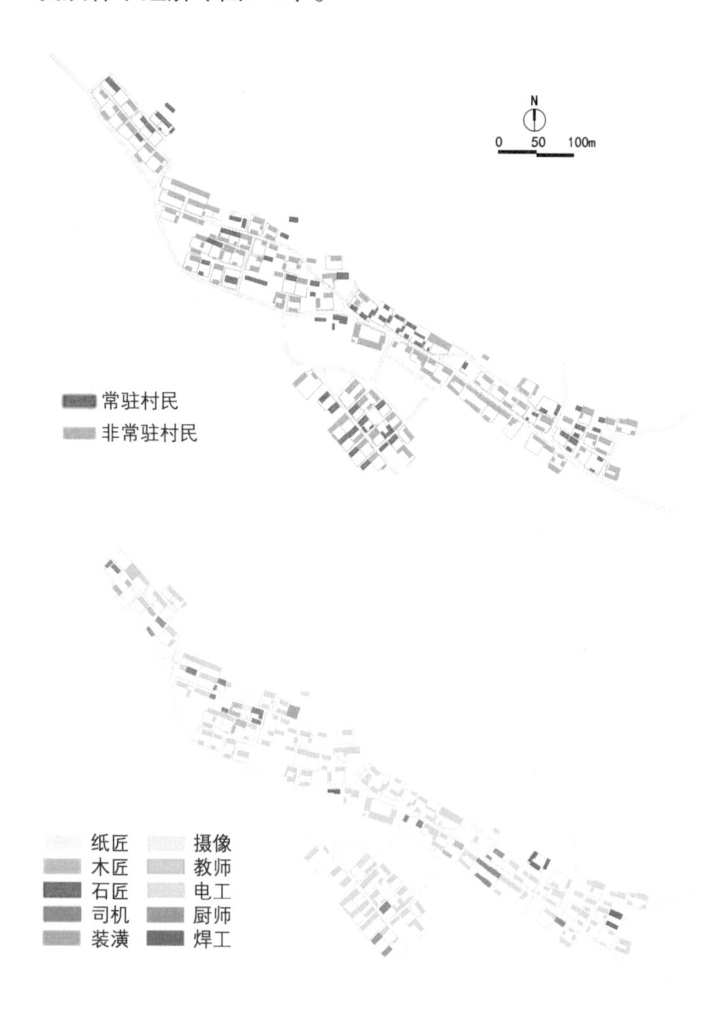

图 I–2　长门村空心化现象分析

养殖现状：以鸡（贵妇鸡）、羊（山羊、绵羊）为主

种植现状：以土豆为主，部分村民种植核桃、蘑菇、西梅等，也有人采集野生的沙棘、红芸豆获取收入

图 I-3　长门村种植及养殖业发展现状

2. 资源环境条件

长门村海拔在 1300~2000m 之间，森林资源丰富，气候环境条件佳。村域中部有河道自西北向东南流淌，形成了河道两侧较为平缓的冲积区域，为主要的居民点及种植区域所在；居民点南北侧均为丘陵，往北侧延伸则为山地。村域大部分区域为坡度在 25° 以上的山地，仅沿河道的河谷部分坡度较缓，为 6° 以下，但平坦区域空间狭窄，主要分布在村域东南角（图 I-4）。

全村耕地面积 4405 亩，其中 4001.85 亩为基本农田。耕地占土地总面积的 11.8%，人均 7.9 亩；基本农田占土地总面积的 10.8%，人均 7.1 亩。

虽然长门村土地资源较为丰富，但受到地形、自然灾害、村民劳动力群体的老年化以及农业种植技术薄弱等因素的制约，村庄农业种植整体歉收。首先，可耕种的土地位于河道沿线及下游，由于河道上游部分土地被开垦为耕地，过水断面减小，导致下游易形成洪涝灾害，毁坏农作物；其次，村庄内以老年人居多，耕种和采摘山林经济作物均较为困难，在农业技术提升及农产品优化上也缺乏想法。此外，发展新型农业或引入种植新的农产品需要较大的基础投入，村民无法负担。

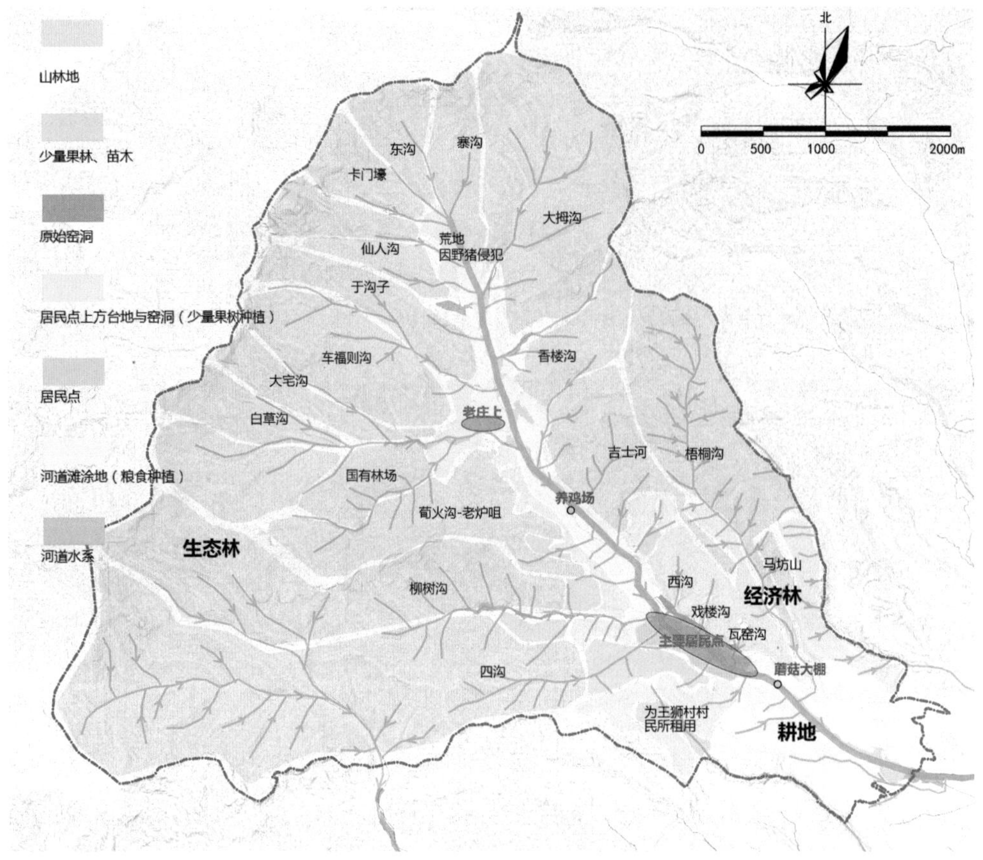

图 I-4　长门村村域资源条件

3. 村落格局与风貌

长门村最早的居民点在现状居民点北部山坡上，包括土窑洞民居、晒谷场和土豆窖等空间。1938 年后，村庄开始扩建，在河道上游平坦区域（现居民点）西侧建设集中的院落式民居；1970 年后，村庄生产力提升，人口增长，逐步由集中的院落居民点沿河道向东西两侧扩建，但用地均较狭窄；1985 年后，河道北侧用地紧张，开始往河道南面扩建民居，院落较大，整体质量较好；2000 年后，人口基本稳定，村庄民居未进行大规模扩建（图 I-5）。

根据对村民口述记录的整理和挖掘，村内有九龙圣母庙、旧戏台等历史记忆，有近代的八路军兵工厂、1949 年后建设的防空洞等红色文化，也保留着部分较为完整、风貌良好的近代传统建筑（图 I-6、图 I-7）。

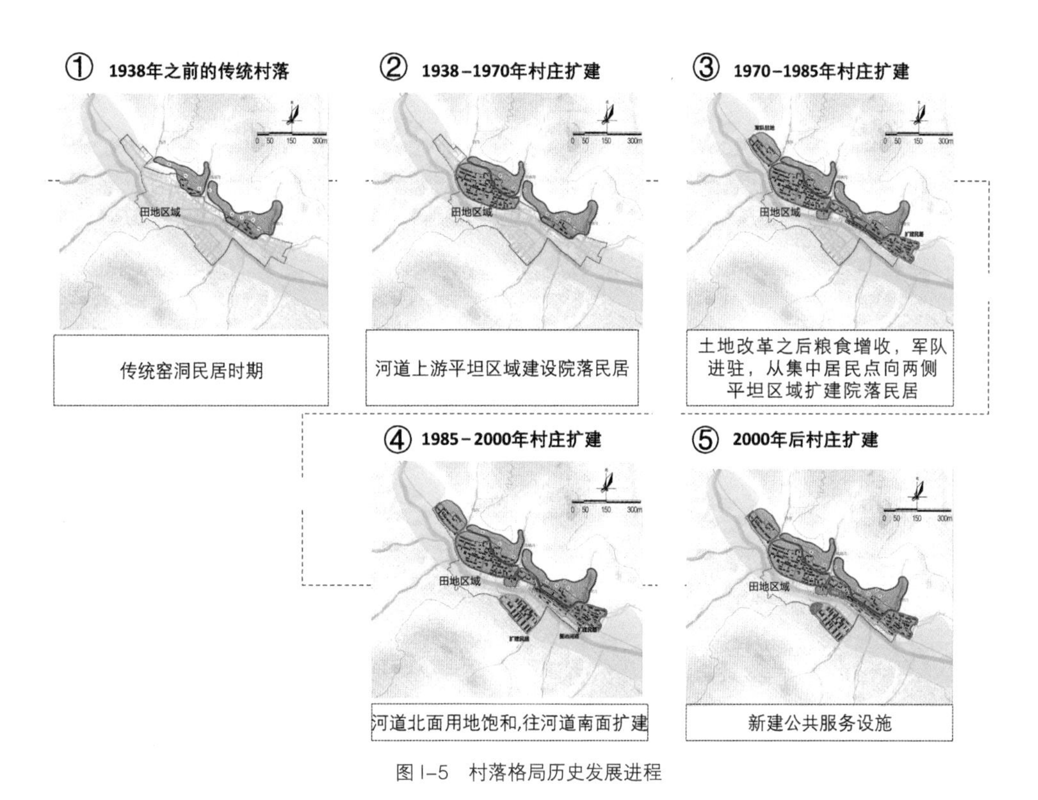

图 I–5　村落格局历史发展进程

图 I–6　长门村历史文化资源挖掘

图 I–7　长门村风貌

4. 迫切需要解决的问题

尽管长门村具有良好的自然禀赋，但为什么在经历了一段繁荣之后开始急速衰退呢？究其原因，主要来自两个方面：首先来自城镇化的冲击，年轻人外出导致村庄无活力，发展无动力；其次是农产品种类单一，绿水青山的经济价值没有直接体现出来。土地利用无序，生活环境破败，村民收入来源单一，这些都成为村庄规划必须直面的问题。

规划的主要工作与规划师的作用

1. 凝聚发展共识

规划团队首先和村民一起探讨村庄发展中的问题，向村民询问当地的自然条件，了解什么样的地形适合做什么样的产品，了解当地的生产空间布局可以形成一种什么样的农业景观。向村民了解这些生产发展的基础之后，规划团队会询问村民希望得到政府的哪些扶持，村民需要什么样的政策和技术。

第二件事是利用节假日，请村庄的外出人员回村进行交流，了解他们对村庄发展的意愿。这些外出人员在本地成长，人格的形成都是基于本土的，接受过一定程度的教育，又在外开阔了视野。这群人对这片土地的认知无论是积极的还是消极的，对村庄的发展都有一定的借鉴意义。

第三件事是邀请村和县级主要负责人到浙江省考察乡村建设，搭建了村长对话平台，帮助他们相互交流了解，也邀请浙江农村的村干部到长门村去为他们出谋划策。与此同时，在岚县组织由中国科协、中国城市规划学会、山西省住房和城乡建设厅、上海同济城市规划设计研究院中国乡村规划与建设研究中心及乡村规划学委会专家参加的，针对长门村规划的研讨会，从多学科和多领域的角度研究规划扶贫的路径（图I-8）。

规划是对人的思想的整合，也是对物质财产各方面资源进行重新分配的一个过程。农村土地与农民生存有直接关系，重新规划土地空间涉及每一个村民的利益。在村庄规划中，村民是主体，既是受益者，也是主要投资方。规划关系到村庄的经营、家庭的经营以及个人的经营，因此，没有村民参与的村庄规划只能是“墙上挂挂”。规划师在村庄规划中是一个桥梁，是村民与政府、企业和利益相关人之间的联系纽带。

图I-8　贯穿乡村规划全过程的村民参与

2. 基于当地资源的发展路径

长门村有 25km^2 的土地，山地占 80%，由于自然地形坡度大、适宜种植农作物的区域较少。此外，土壤改良和水利设施缺乏，投入与产出不平衡，营农成本高、收益低等因素也制约了当地的发展，现状农产品单一，没有发挥山区农业的长处（图 I–9、图 I–10）。

俗话说“靠山吃山”，综合长门村的生物多样性特点，规划团队在大量调研和组织村民外埠考察学习的基础上，经过与村民代表多次讨论，提出了以丰富产业链带动村民收入多元化的设想。大家一致认为，长门村最重要的资源就是其与自然环境融合的乡村景观。与城市不同，乡村的景观是依照自然规律塑造出来的，不同的风土人情造就了不同的地方特色和文化，有些甚至是惟一的。

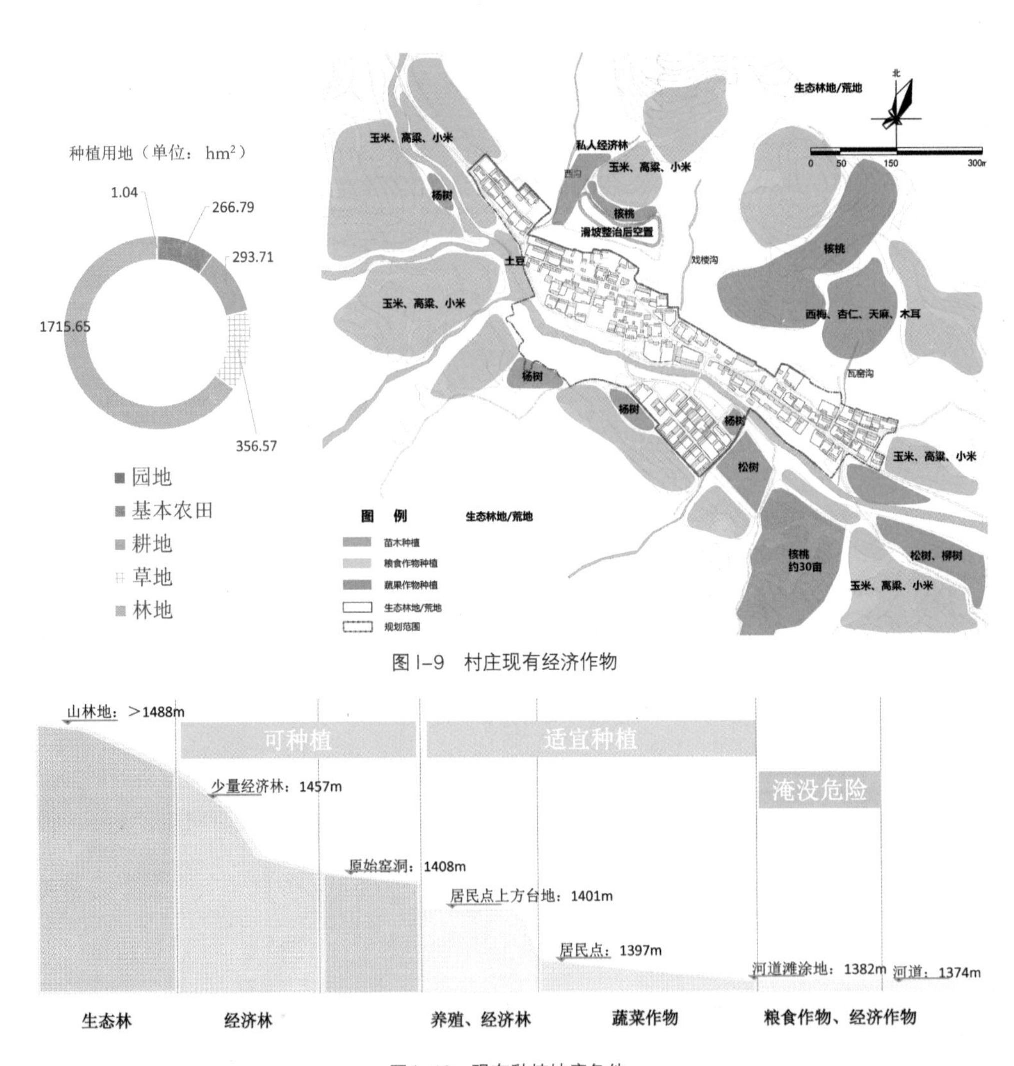

图 I–9　村庄现有经济作物

图 I–10　现有种植坡度条件

规划的意义在于把这些优质的资源发掘出来，通过有序的安排，成为一种发展的源泉和动力。本着这些设想，规划将恢复当地自然景观的生态格局作为第一要务，以村落为中心，依据环境与农业生产的关系，调整种植空间结构，形成由宅院到菜地、果园、耕地、经济作物林和生态林的圈层结构。将种植活动安排在相对平缓和可达性强的区域，减少费时费力的山地耕作。在陡坡、崖壁、沟壑引种沙棘，形成既能防止水土流失，又能防灾减灾和增加村民收入的风景（图 I–11）。

规划力求使村庄的生产、生活环境与自然有机融合，利用现有资源，形成一产、二产、三产融合的“新六产”模式。“四两拨千斤”，达到办一件事解决一系列问题的目的，将景观塑造和产业发展紧密结合，延长产业链，让长门村的景观资源成为可持续发展的生产力（图 I–12）。

3. 村庄环境整治提升

村庄环境整治首先是对居民点用地进行整理，规划利用现状废弃的宅基地、闲置的集体用房等置入新的公共服务设施与公共活动场地，结合较好的特色民居补充商住混合功能（图 I–13）。

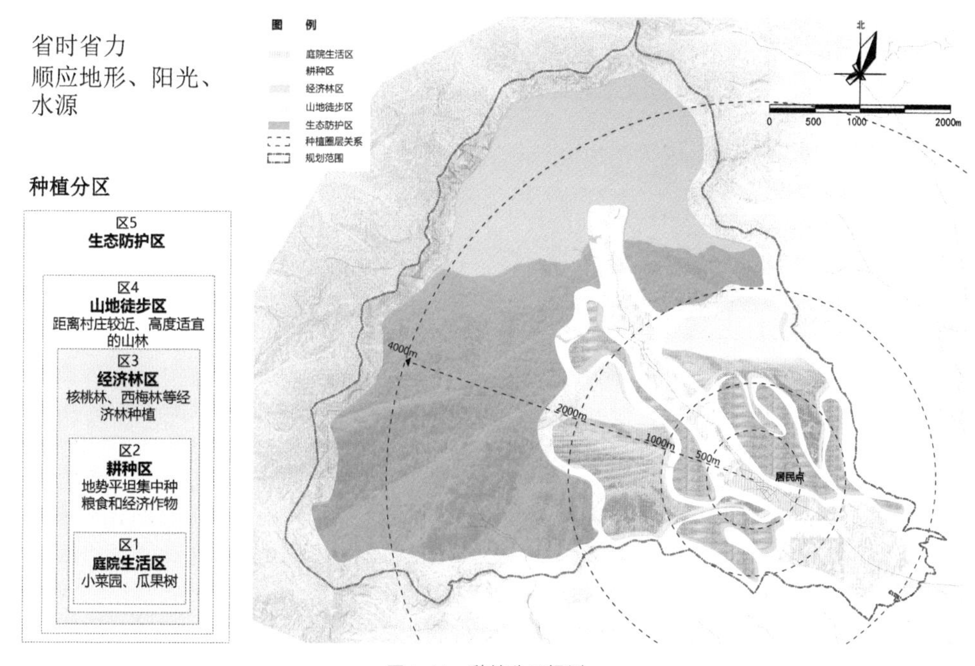

图 I–11　种植分区规划

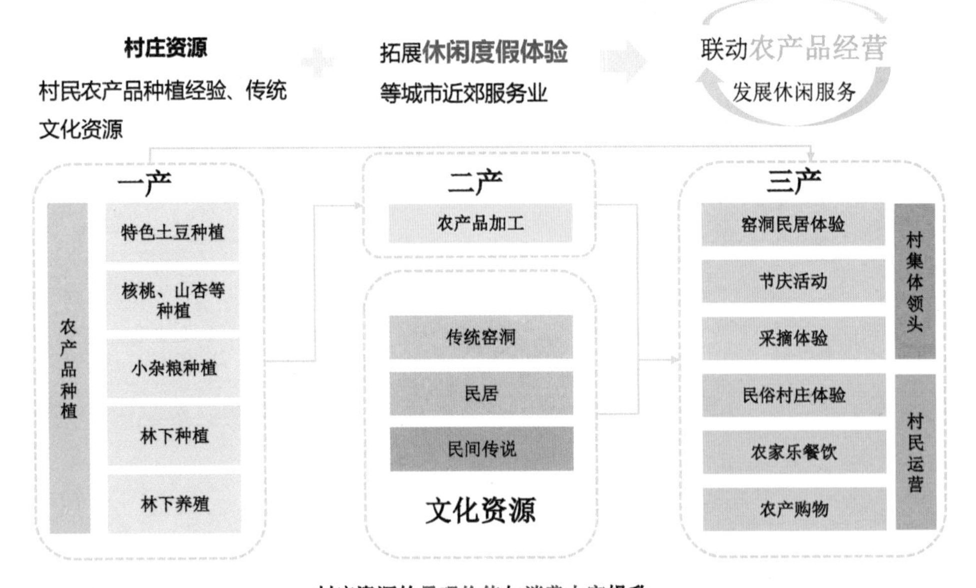

图 I–12　一产、二产、三产融合的“新六产”模式

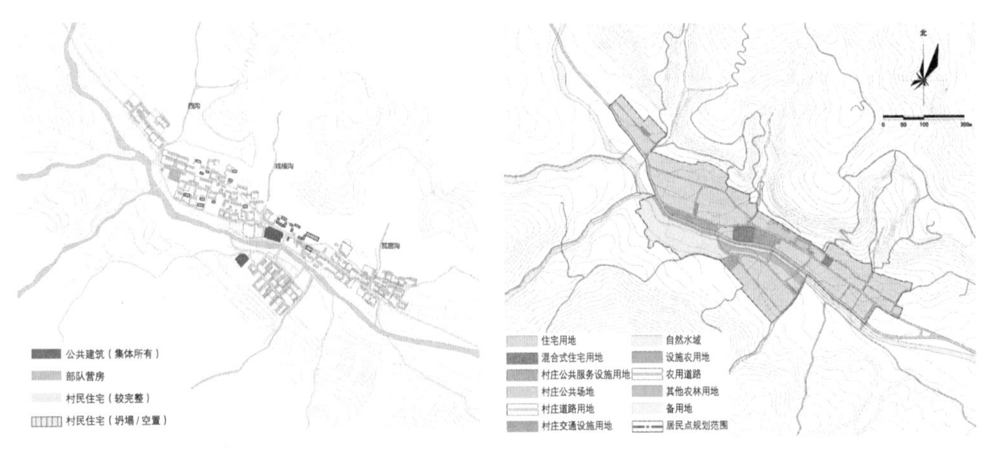

图 I–13　结合可利用空间的用地整合方案

第二层次是重要公共空间节点的环境与功能提升，利用村委会东北侧闲置用房及空间以及现存惟一的传统七孔窑洞的区域，建设村庄活动中心，布置戏台等公共活动空间，作为服务村民、支撑远景旅游产业的重要核心节点（图 I–14）。

除核心节点外，对村庄周边的滨水空间进行提升，根据河道与居民生产、生活空间的关系，划分为防灾景观段、休闲生活段、活动景观段，针对不同的岸线提出不同的设计策略（图 I–15）。

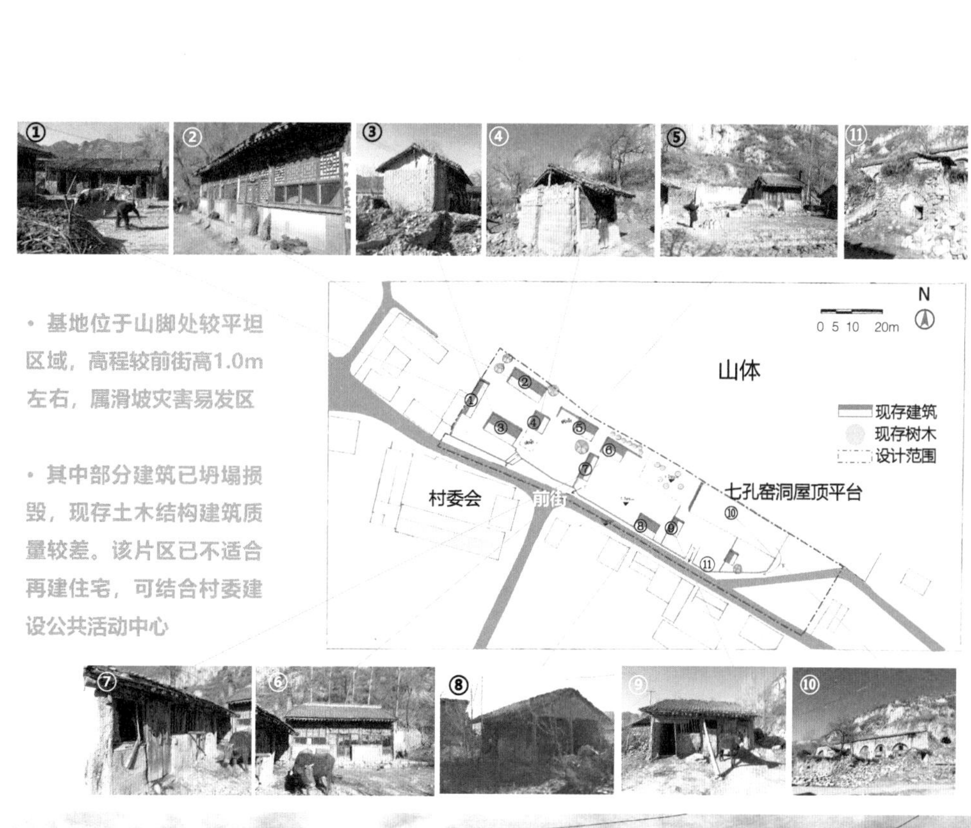

图 I–14 村庄公共活动中心设计方案

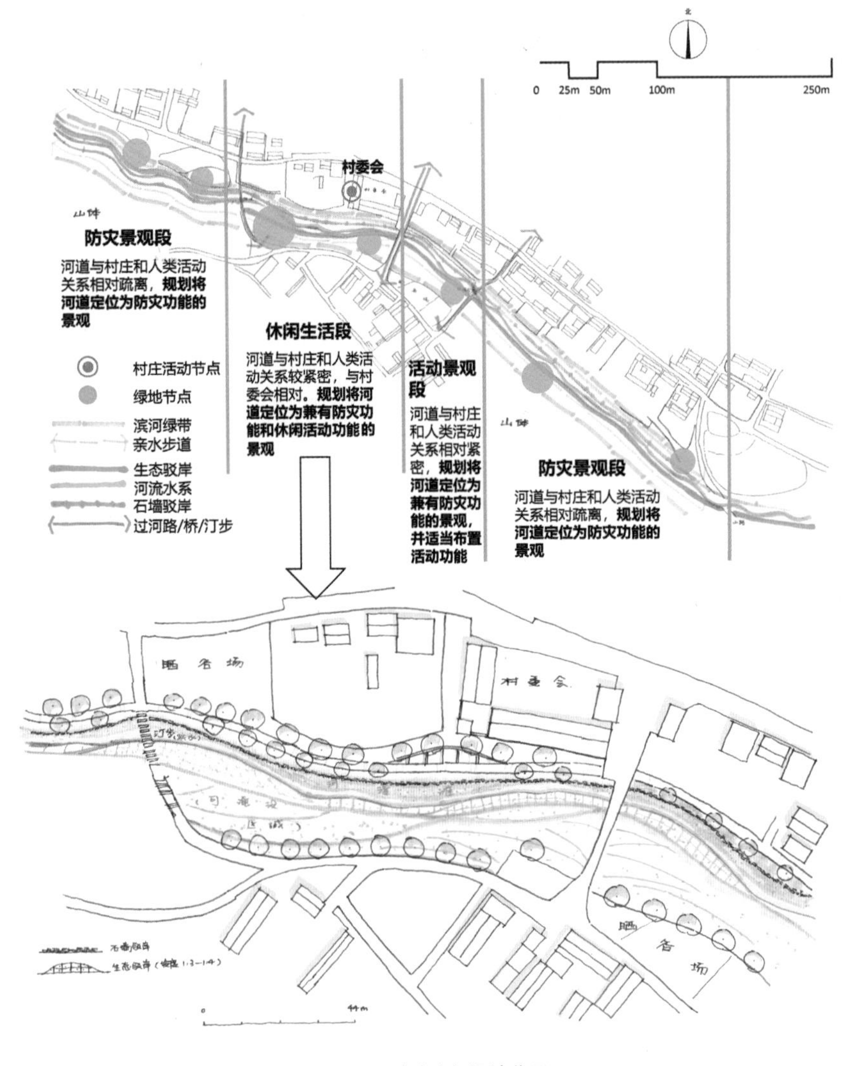

图 I-15　滨水空间设计草图

村口在村民对村庄的认知中占据重要的位置，对村口空间的提升，不仅具有景观价值，同时能够增强村民的认同感与自豪感。现状长门村村口道路两侧环境杂乱，缺乏景观标识。设计结合空间条件，沿村道种植乡土植被，提升道路两侧景观风貌，并增加入口景观标识设计（图 I-16）。

4. 形成近期项目库并落实资金

规划将建设内容综合形成近期实施项目库，明确项目规模及资金来源，使村庄规划真正具有指导作用，同时项目库也成为村民建设家园的统一纲领（表 I-1）。

图 I–16　村口提升效果示意图

近期建设项目库（仅以部分内容为例）　　表 I-1

序号	类别	项目名称	内容	规模	预算（万元）	备注
1	道路系统提升	国防道路修建	（修建 / 对原路面进行硬化）从东侧接至老庄上的国防道路，同时补植行道树	长 4.5km，宽 6.5m	500	国防部门建设
2	公共设施与公共空间提升	村中心广场修建	原戏台位置公共场地整治，包括广场铺装、绿化种植、水景建设、座椅布置	400 m²	10	结合村民集体共同营建
3		活动健身区修建	在原有场地上修建村委会北部活动健身区，包括山体滑坡处理、健身器材布置、植物种植、座椅布置	450 m²	20	结合村民集体共同营建
4		空地利用为菜地	对现状居民点内部的空地进行利用，开垦为菜地，部分沿车行路布置停车位	约 13500 m²	3	分包给村民进行菜地开垦

村民互助自建，安居才能乐业

每一个中国人都明白安居乐业的道理，延伸产业多元的规划理念，大家一致认为，从居住环境的整治开始，实现人畜分离，厕所革命和厨房现代化已势在必行。从提升自家小院的生活环境品质开始，完成改变村庄整体风貌的工作刻不容缓。

但万事开头难，改善居住条件需要资金，而长门村刚刚脱贫，村民互助自建成为最佳方案，不但可以降低建设成本，还可以加强村民的凝聚力。

经过一番酝酿，村主任愿拿出自家老宅做实验。改造设计首先要对房屋进行安全性和使用要求评估，认为正房经过修缮可以作为主人的居室；将厢房和杂物间拆除，并在原址增建起居室、厨房、杂物间和锅炉房等，作为功能性用房。由于是在原址上重建，依旧可以保持传统的空间格局。除了保证住户的生活需求之外，还特意重新设计了动线，以避免游客与主人家庭活动的相互影响。设计在室内外交界处设置了门厅作为过渡空间，切断了粉尘和冷风，既卫生又节能，大大提高了室内环境的舒适度，使其更容易被城里人接受（图Ⅰ–17）。

从带动当地的乡村旅游和形成示范效应出发的这个实验性改造，在中国科协的指导下，赋予其“科技小院”的功能和称号，希望能够成为科考和教学实践的基地、学术交流的场所，为科研和专业技术人员下乡提供方便，让更多的城里人了解乡村，在城乡交流中相互学习，在互动的同时，让村庄焕发新的活力。同时也让村民通过交流，学会经营，树立起现代意识和契约精神，通过村民自家小院的经营，实现收入的多元化。

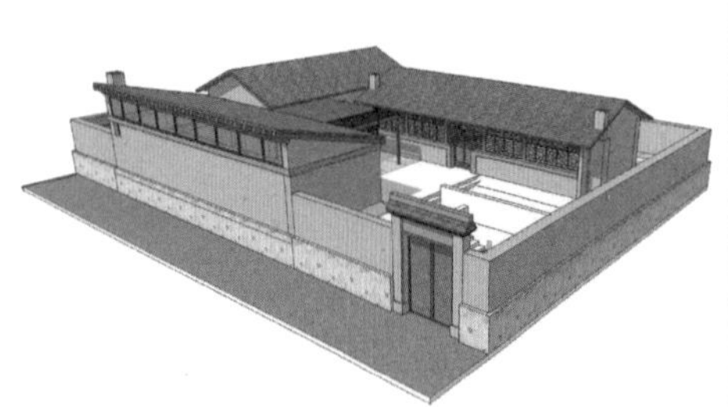

图Ⅰ–17　科技小院及村民互助自建现场

II　千年古村的产业转型：浙江省·余姚市·棠溪村[①]

棠溪村是位于东部发达地区的村庄，具有悠久的历史及相对健康的经济社会发展的基础条件。在产业转型的过程中，乡村规划选择了兼顾内生动力与外在需求的模式，目的在于促进乡村发展中社区共同体的形成。

棠溪村基本情况

1. 案例基本情况

棠溪村位于浙江省余姚市四明山镇西端，东连平莲村、南接杨湖村、西靠芦田村、北与大山村相接，距余姚市 71km，离四明山镇 11km，紧邻四明山国家森林公园。四明山常年平均气温 13℃，夏季绝对最高气温为 32℃，平均比平原地区低了 8℃左右，四季分明、气候宜人（图 II–1）。

棠溪原名棠荫，因为村庄附近森林茂密，夏季非常荫凉，后来树木不断被砍伐，水土流失，变成沙滩，故改称棠溪。

据《棠溪宗羲》记载，棠溪唐氏始祖崇相公于公元 960 年（北宋）从嵊县迁居棠荫，至今已传至 34 代。棠溪村现存主要姓氏包括唐、童、李姓，其中，唐姓主要由康熙年间廷兰、廷葵、廷萱三兄弟繁衍而来。廷兰官至太学生（国子监高材生），廷葵官至太学生兼授介宾（行乡饮酒礼时引导宾客之人），廷萱官至迪功郎（相当于镇长）。童氏最早于康熙年间迁入，至今已 7 代。李氏繁衍至今已有 5~6 代（图 II–2）。

2. 经济产业发展现状（规划编制年为 2014 年）

棠溪村现有人口 438 户，总计 1300 人。其中 14 岁以下人口占总人口的 7.4%，14~65 岁人口占总人口的 76.3%，65 岁以上老人约占总人口的 16.3%。外出务工人数为 500 人。

棠溪村现状产业以苗木种植为主，该年全村农业总收入为 2041 万元。其中苗木种植 2750 亩，年产值 1903 万元；第二产业仅有村集体运营的水力发电站，年收入约

① 《余姚市四明山镇棠溪村村庄规划（2016-2030 年）》获 2017 年度上海市优秀城乡规划设计奖（村镇规划类）一等奖。

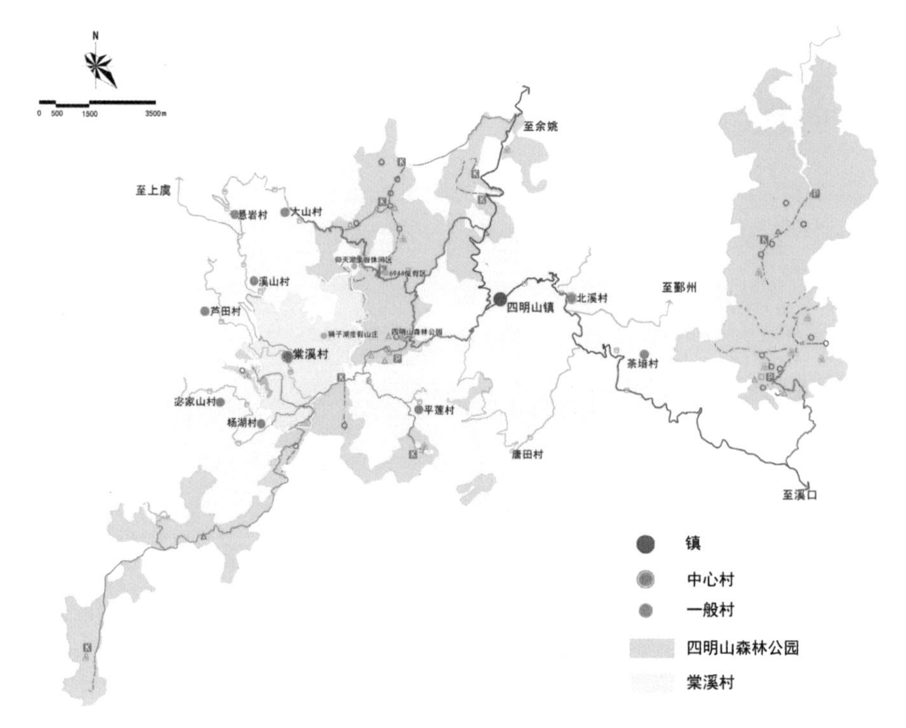

图 II–1　棠溪村在四明山镇的区位分析图

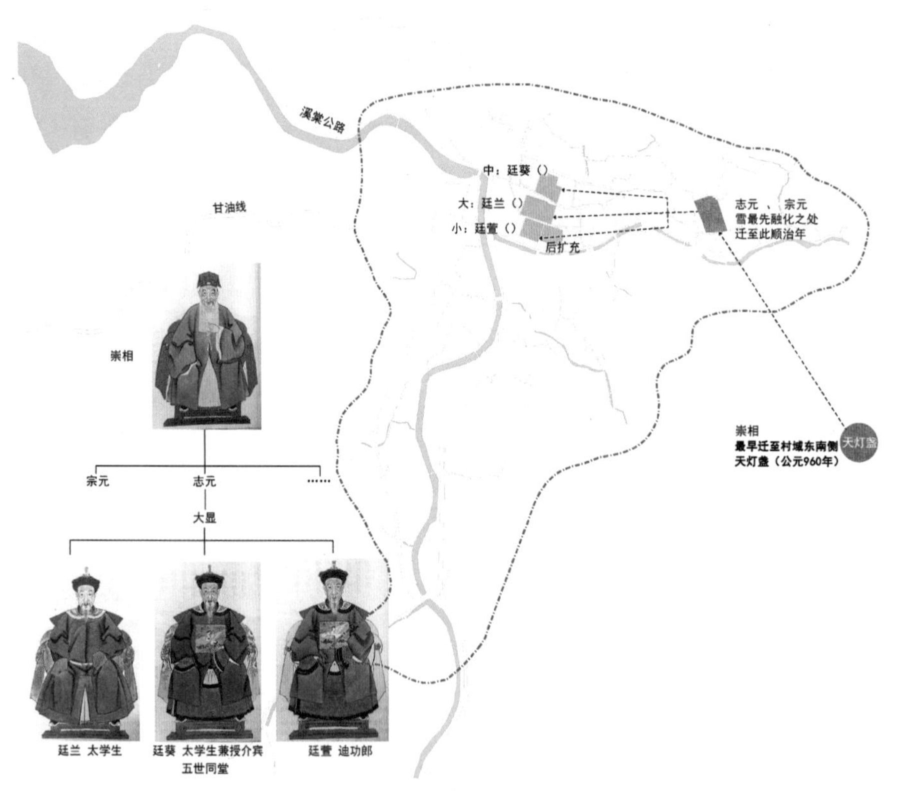

图 II–2　棠溪村历史迁移图

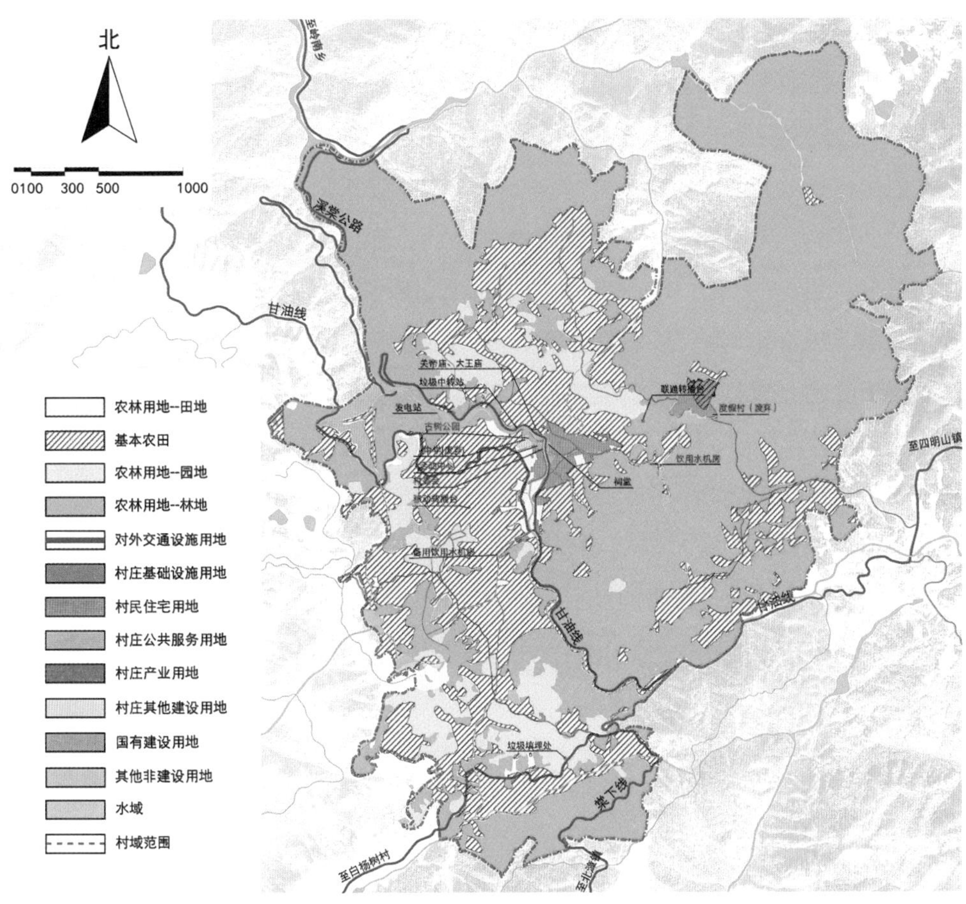

图 II–3　棠溪村土地使用及植被分布现状图

100 万元；第三产业为 0。可以看出，棠溪村现状为典型的农业传统村落，产业结构类型单一（图 II–3）。

但由于国家经济和社会的转型发展，棠溪村在规划现状年面临产业转型的急切需求。由于花木种植业需求端结构调整导致业务量减少，村民收入面临着由于单一产业链断裂而带来的收入锐减问题。

3. 发展的优势条件

首先，棠溪村具有千年历史。村中现有祠堂、台门、石桥等古建筑，修有唐氏宗谱，定期举行祭祖大典和修宗谱仪式。风水意象方面，村内有东溪和南溪，两溪水向西流入上虞曹娥江，因村内形貌如“海棠一朵”而得名。东、南两溪从古至今抚育着唐氏的千秋万代，灌溉了溪边秧田，被称为“母亲溪”。村东有狮子、白象把守，南有长寿神龟、神马把守，西有凤凰和倒挂龙把守，北有窜天大鲤精把守，环村自然山貌颇具神话象征性（图 II–4、图 II–5）。

其次，棠溪村拥有良好的自然生态环境，有特征明显的山溪性河流景观。全年平均气温比平原地区低了 8℃左右，四季分明、气候宜人，是避暑胜地。村内有狮子湖景区等自然资源，是全镇中具有独特自然资源的村落。

最后，棠溪村距离上海只需 4.5 小时车程，便于都市游客来此体验乡村休闲旅游。棠溪村靠近四明山国家森林公园，便于承载四明山国家森林公园外溢客流量。基本判断具备发展乡村旅游的基础游客量保障。

图 II–4　棠溪村风水意象实景照片

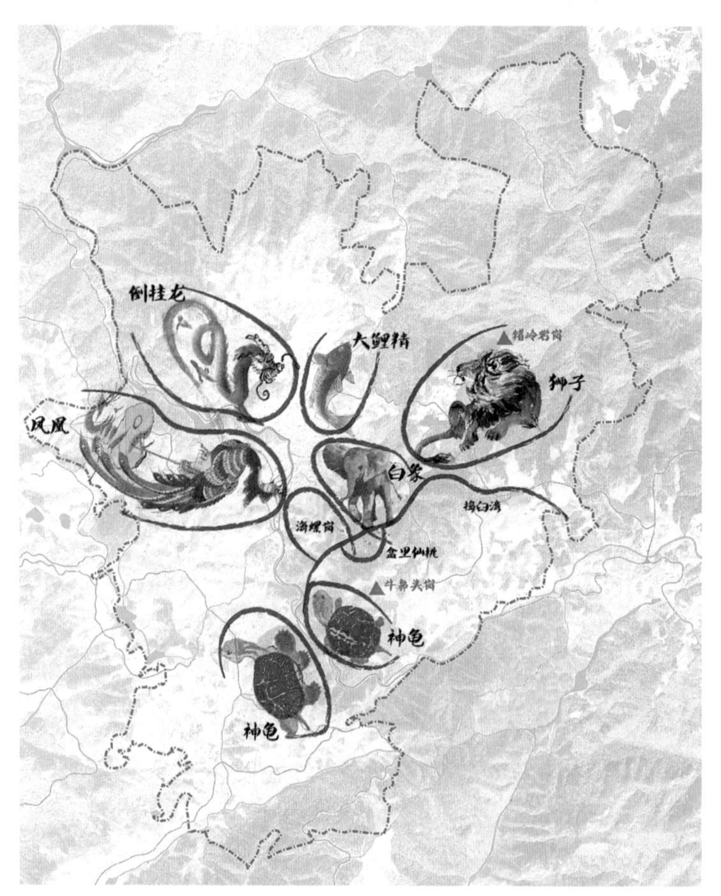

图 II–5　棠溪村风水意象图

乡村规划作为促进社区动力的平台

1. 引导沟通

在规划编制与实施过程中，通过多种方式组织规划沟通与协调。主要目的是保障村民在乡村规划中的主体地位，保障其在规划过程中的参与权与决策权。

在规划编制前期，棠溪村委组织了一场关于本村规划及村民意愿的研讨会。参会的除常规的政府相关领导、设计团队及村民代表外，还特意邀请了在外开厂、打工的“外出精英”参加，共同交流村庄发展意愿。

在规划研讨会上，规划师需作为讨论问题的引导者。村民对于本村情况是非常了解的，但对于乡村规划的内容、任务不甚了解，需要规划师对于乡村规划能够解决的问题进行明确的传达，同时确定会议讨论的主题和有限范围，这样才能够使规划研讨会更加有的放矢，达到预期效果。

在棠溪村规划研讨会上规划师的引导发言：

今天召开这个会议非常有意义，棠溪是大家的棠溪，不是说现在在棠溪的就是棠溪人，出去的就不是棠溪人。乡村规划发展这么多年，有一个很重要的问题就是和外界的沟通断了线。

从这个规划开始，我们要把大家不断地融合到规划中来，包括各方面的信息、人才、资金，有钱的出钱，有力的出力，有想法的出想法等，这才是振兴乡村发展很重要的内容。

过去的乡村就是为城市服务的，要苗木，我给你，要粮食，我给你，而乡村自身的建设没人管，老龄化、年轻劳动力流失等社会、经济问题都是比较忽视的。我们现在说的“以工促农”“以城带乡”都是促进城乡的往来，这个往来不只是经济的往来，还有人员的往来、思想的往来。棠溪村虽然交通看起来不是很方便，但是人才都在，在座的都是棠溪村的人才。村的发展主要靠的是人才，因为大家对于国家政策和市场趋势有了解，所以对于村子的发展就可以有路子，有思路。还有我们有一个很好的背景是村里很多打工的人都在宁波，回村还是很方便。

棠溪村虽说是农村，但是它的生活水平和真正的偏远贫困地区完全不一样，只不过眼前遇到了一些问题。过去一直盯着苗木产业，只是市场开始转型了，逼得我们不得不转。今后的产业要怎么发展，从规划的角度，第一个问题就是产业问题。包括我们上级政府划拨的村庄整治专项资金，也应该首先用于支撑产业的发展，例如发展生产需要哪些设施。当然生活环境质量的提高也是需要关注的，但总体来讲，村里所有建设活动的目标还是提升产业发展的动力。

同时，旅游市场又非常火爆，虽然我们的位置不好，但是市场很大。今天上午，我们到森林公园那里看了下，得知现在四明山景区每年游客量约150万，门票每人50元，但是只有100间住房，每天能入住约200个人，来的人基本都是上海人。我的意思是上海、宁波的人能在这儿停留。所以要是有好的景色，能在这儿住一晚上，吃点有特色的东西，还是可以吸引人的。这对棠溪村的产业发展来说也是一种机遇，说明旅游的市场还是很好的。

其次，说一下规划的问题。现在村子总体上还是很乱的，它的空间设计和建筑是一种杂乱的状况，住的人也是多样化的，不只是搞苗木种植的。所以它的建筑材料、颜色、形态都是不一样的，很乱。环境乱了之后，人就不愿意在这儿住了，旅游吸引力也没了。

我们讲到的老龄化，年轻人慢慢走了之后，环境混乱使这些年轻人以后可能也不想回来了，村子就衰败了，维护也维护不下去。所以要把规划、建设、管理三个一起进行。我也在村里先调研了一下，发现有些地方的环境不是很好，比如绿地里的踏步，建的时候还不错，但没几年就因为维护问题出现了很多破损的情况。这种情况积累多了，就使得整个村子破破烂烂，不像是一个长期安居乐业的地方。

还有村庄的形态不太完整，我们考察很多项目，里面也涉及风水、传统习俗，包括立牌坊、设地标、搞文化活动，我觉得这个是很有必要的。有一个完整的环境就是人心里很向往的地方，这也是规划里面很重要的东西。后面就是关于管理、空间，我们怎样把公共设施建设起来，包括眼下村子要做的美化环境活动、污水纳管以及垃圾处理一系列村庄整治工作，这应该有专门的队伍，包括机制、经费，还有分工。否则的话，没有分工、没有责任，这个事情又持续不下去，这就是村庄建设管理的问题。

我们关注的有几个问题：第一就是产业发展，第二是对规划有什么要求。其实每个人脑子里都有一幅规划图，都有自己对于村子发展的想象，可能只是不会画那一张图。还有记忆中要保留的东西，包括河道、老房子，你觉得有价值，那肯定要保护，我觉得这都是有意义的东西。还有生活上的要求，比如说我周末回来，希望村里有什么活动，又带动了旅游的人。所以我们做一件事不只是一件事，是一系列的事，我们也希望听听大家的意见，把规划做得更好。我就讲到这里，主要是听听大家的意见，谢谢！

2. 村民意愿的整理收集

村民研讨会收集的意愿需要进行归纳整理，棠溪村规划将相关意愿综合成为产业发展、历史保护、公共服务、村庄整治四个方面。

产业发展方面：一是棠溪产业单一，红枫、樱花等种植前景不好，需要新的产业增加村民收入；二是因为靠近四明山国家森林公园，希望也能发展旅游业，比如民宿或者农家乐、养老产业等；三是产业发展模式可以是招商引资，但要先将棠溪的环境打造好，以吸引外出的棠溪人或者外地人来投资，也可以用村集体资产带头发展旅游服务业。

历史保护方面：大家都认为需要保护棠溪祠堂，宣扬棠溪文化，将祠堂与文化活动中心结合形成文化大礼堂，保护好台门建筑和古树群，在村头、村尾新建牌门。很多人觉得，传统的村子，这样才完整。

公共服务方面：利用棠溪村古树公园修建游步道和休闲公园，在现状公交候车亭修建休憩设施，打造滨水景观带方便观景和休息，改造老年活动中心，新增停车场所，为外来人提供吃饭住宿的地方，方便外出人员回家探亲或者游客观光等。

村庄整治方面：拆除祠堂旁影响美观的厕所、污水纳管；部分道路垫高，防止汛期河水溢出；村出入口要作为景观打造的重点区域，设置棠溪标识；利用废弃的小学置入新的功能。

3. 将村民意愿汇总成为发展意愿图

集合发展意愿，需要绘制形成一张反映村民发展意愿的图纸，既作为村民研讨会的过程性结论，也将作为后续规划编制、讨论、汇报的基础，有效支撑规划方案的编制，明确设计方向及重点问题（图 II–6）。

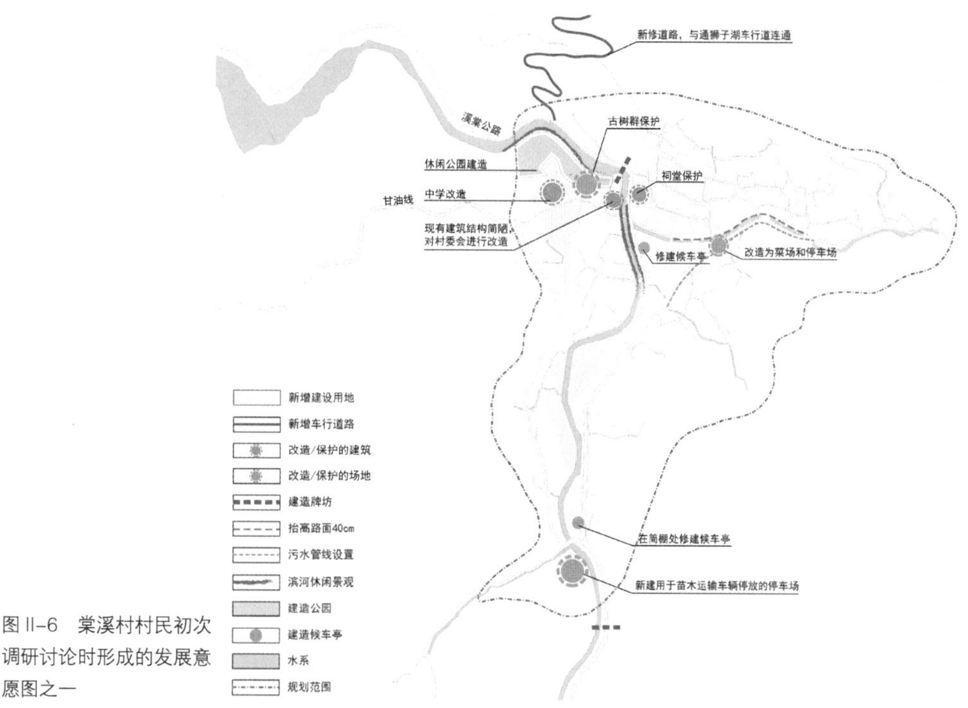

图 II–6　棠溪村村民初次调研讨论时形成的发展意愿图之一

当然，对于村民意愿的采纳与否以及采纳程度，需要乡村规划师结合乡村发展的总体目标予以取舍与整合。如本案中部分村民提出的发展加工业等产业，规划并未采纳，主要是避免对于当地生态环境资源的破坏。

在确定规划方案的阶段，强调村民的设计参与。在过程参与的基础上，鼓励村民将自身发展的诉求在方案设计初期表达在方案之中。这样，有助于提升规划师与村民的了解与交流程度，同时，村民自己做规划、主导规划的过程，能够保障形成社区发展意愿的共识，保障规划在实施阶段的持续动力。

除明确规划方向与达成社区发展共识之外，实质上是通过宣传的形式，使村民在规划编制初期就能够参与到村庄建设中，激发村民参与村庄建设的热情，形成内生发展最为基础的土壤与环境（图 II–7）。

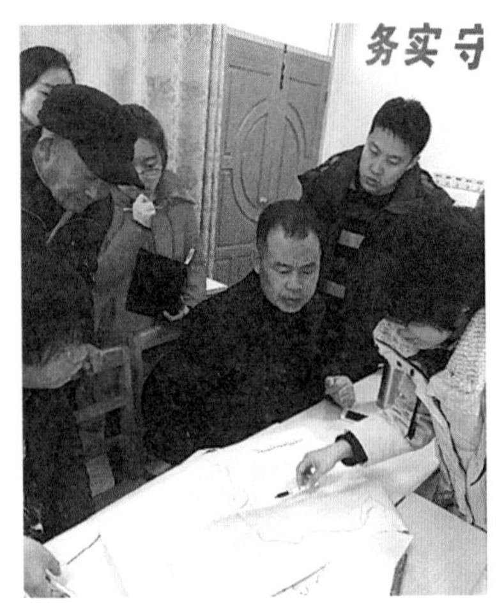

图 II–7　村民的设计参与

挖掘本地资源，融入区域市场

1. 成立基层经济组织，融入区域市场

内生发展理论中，成立地方层面的、自下而上谋求发展的自治性组织是能否实现发展目标的重要因素。规划中，建议成立“棠溪村乡村旅游开发公司”，由村集体领头，村民参与，发展乡村旅游。在实施层面，与四明山森林公园展开乡村旅游的业务合作——包括住宿接待合作、旅游景点合作等——是实现近期旅游客源稳定性的现实途径。

落实到空间层面，从森林公园总体功能分区及旅游景点分布来看，由于其整体分布格局呈分散状态，导致旅游景点的布局明显地呈从森林公园管理处向各景区延伸的线性发散模式，其主要的旅游景点多分布在一条南北向的旅游景观带之上（图 II-8）。

通过棠溪村乡村旅游的合理规划与发展，在空间上可以将原本分散的森林公园各景区有效地串联，并形成新的、有机的整体，使原本的线形流线升级成为环形的、多样化程度更高的旅游线路。在这条新的线路上，既可以体验到原先森林公园的自然景观，又可以欣赏到千年古村的历史人文景观（图 II-9）。

通过合作经营的方式，可以达到双赢发展的目标：四明山森林公园在不改变现状规模及体制的基础上提升游客接待量、丰富旅游产品类型，而棠溪村得到乡村旅游发展的机会，调整村产业结构，增加收入，获得稳定的旅游客源。

内生发展模式的实现，需要发挥乡村自治体的作用，因为村民自身的力量在面对市场竞争时，往往处于绝对的弱势地位，而外来资本或政策的直接接入又往往会剥夺村民发展的权力和利益。在这种背景下，依托于现有村集体，开展现代企业制度的运营尝试，保障村民集体利益的实现，是实现内生发展模式必需的现实途径。同时，在这一过程中，又能够进一步促进乡村社区共同体的成熟。

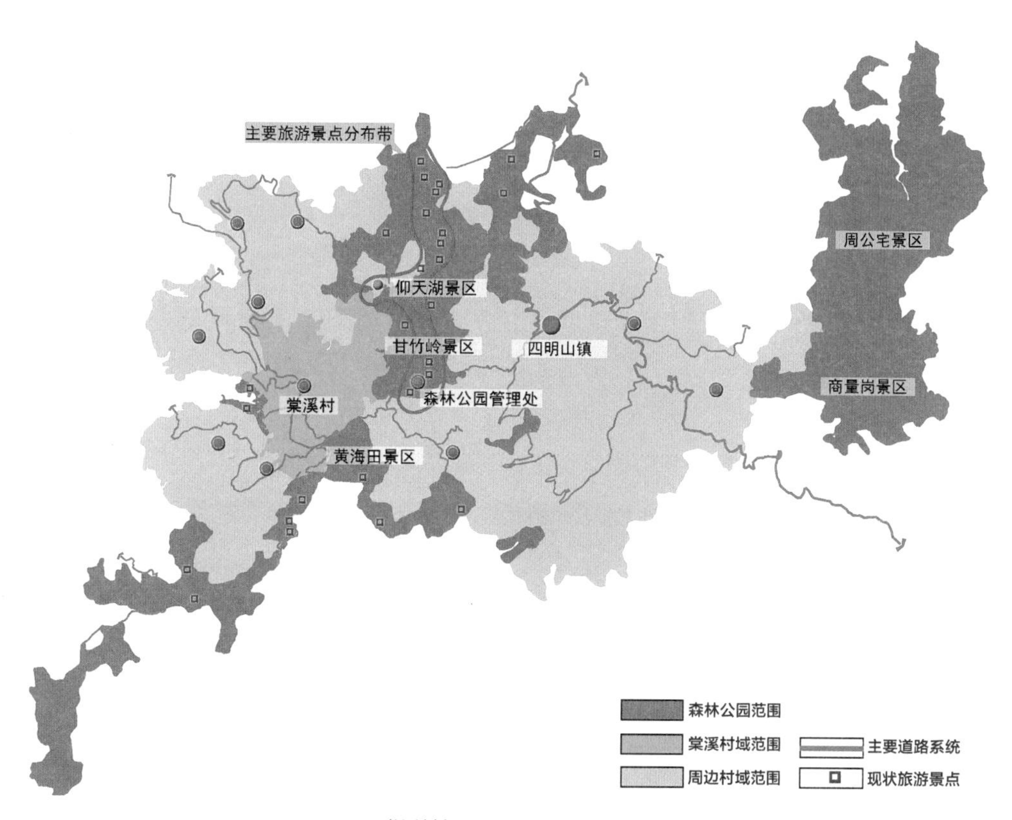

图 II-8　棠溪村与四明山森林公园空间关系分析

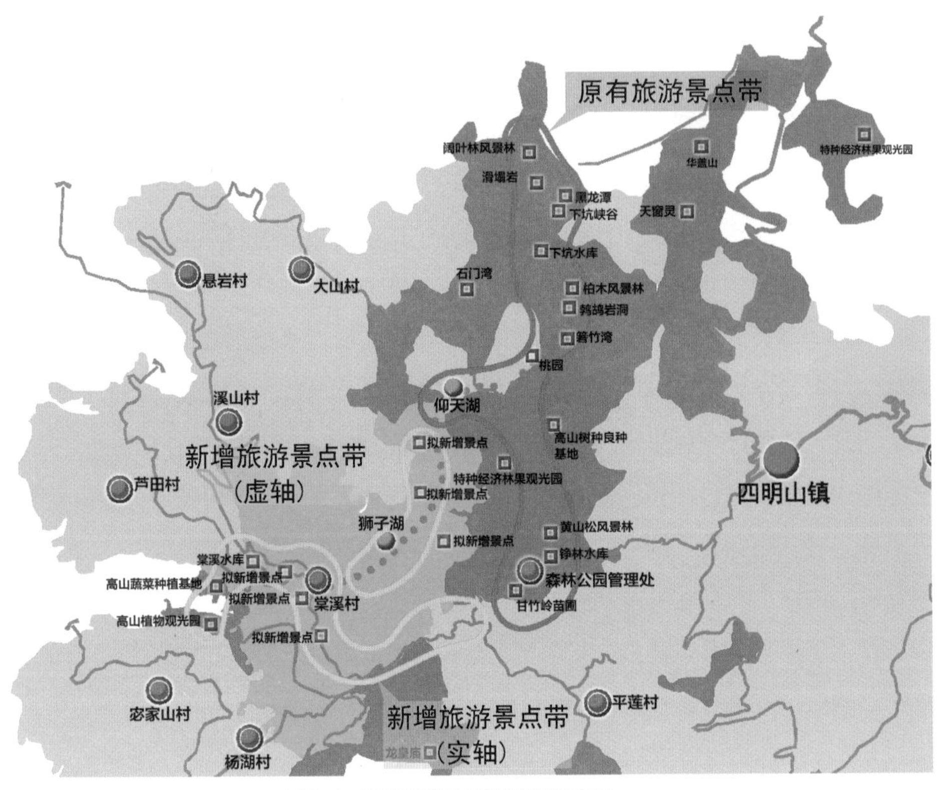

图 II-9　环形旅游景点系统规划示意图

2. 挖掘本地资源，实现经济结构转型

规划借鉴农业三产化理论，发挥农业的多功能性，将生产、生活、生态、休闲、娱乐、教育、养生等多种功能综合利用，实现城乡优势互补和共同发展，满足区域潜在的乡村旅游需求，拓展村产业链的广度与深度（图 II-10）。

3. 优化空间布局，承接产业升级需求

村庄居民点直接影响村民生活满意度、游客服务的体验质量。

结合唐氏祠堂、古桥、古树公园、村委会等公共设施建设公共服务中心，为居民提供集中、全面的生活服务；结合唐氏祠堂周边的唐氏祖屋以及传统风貌民居集中区域打造历史展示核心；提升现状村内三角广场，布置各种活动设施，并结合水系进行滨水景观设计和亲水步行道设置，引入各种公共活动，包括文化长廊、露天电影院、传统节庆表演、创意集市等；结合古桥、古树公园及周边观景平台区域打造居民休闲活动的重要场所，同时也是向游客展示历史风貌的重要节点。

在居民居住的基础功能上，形成三个各具特色的产业功能区域。其中：①风貌体

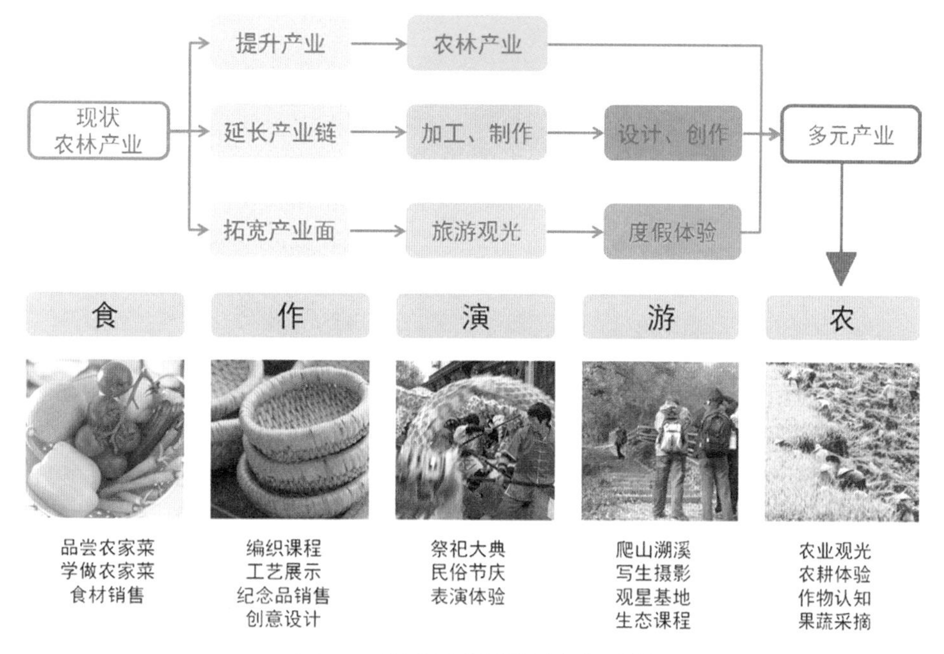

图 II–10　棠溪村产业规划策略与产品策划

验区为北部集中建设区，其特征为传统风貌。对其现状传统风貌建筑和特色街巷进行风貌修复，体现特色风情，并将其作为重要的旅游观光和民宿接待区域。②梯田农宅区为西部沿梯田的民居区域，规划结合周边的农田，作为重要的农家餐饮、住宿、农事体验区域。③工艺文化区为南部山地的民居区域，规划结合当地的毛竹、马尾松等本土资源，挖掘传统手工艺，打造为工艺制造和文化的展示、体验区域。

利用两条发展轴线衔接外部资源。风貌展示轴为沿溪棠公路的发展轴线，其作为惟一的通村乡道，是向过路游客展示棠溪风貌的重要门户道路。手艺展示轴为沿东部主要车行道和东溪的发展轴线，沿轴线布置相关的手工作坊（图 II–11）。

在村落内部，以利用闲置集体资产为切入点，建设新的村落中心，完善各项旅游服务配套设施，提升村庄整体环境品质与形象（图 II–12）。

4. 产业转型测算

规划对乡村旅游的游客量进行预测，落实村民发展意愿中对于村集体闲置资产优先利用的发展诉求，优先利用现状村集体资产进行经营，建设旅馆、商业服务等旅游配套设施；村民个体经营部分，由村民家庭独立经营，建设农家乐、农产品销售等旅游设施进行经营。

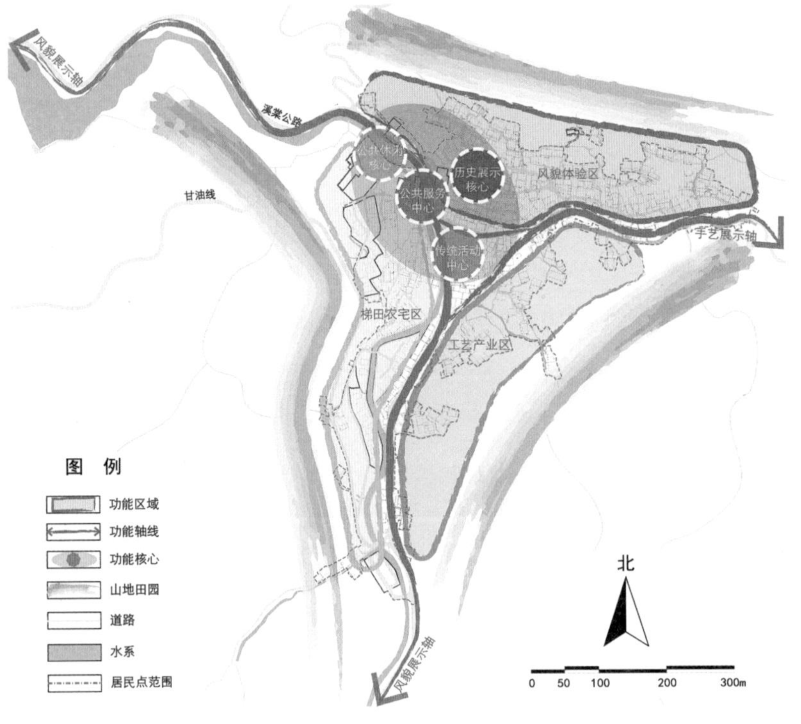

图 II–11　村庄规划结构图

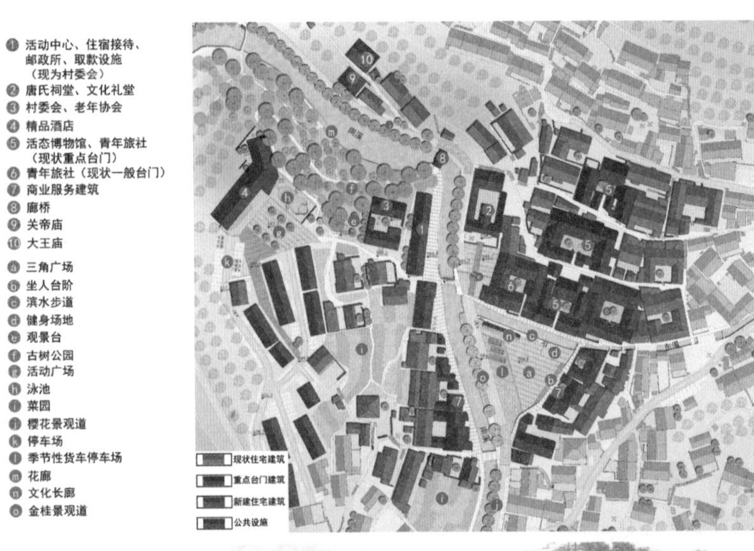

图 II–12　村落中心规划图及实施照片

根据预测，村旅游容量为：近期（5年），5万人次/年；远期（20年），10万人次/年。再以预测游客量为基础预测旅游业发展的经营效益（表II-1、表II-2）。

游客量预测计算表　　表II-1

<table>
<tr><th colspan="3"></th><th>折合标准房间数</th><th>标准房间床位数</th><th>标准日游客流量</th><th>入住率</th><th>游客量标准（人次/日）</th><th>游客量标准（人次/年）</th></tr>
<tr><td>1</td><td colspan="2">集体资产经营</td><td>50</td><td>2</td><td>100</td><td rowspan="3">0.5</td><td>50</td><td>18250</td></tr>
<tr><td rowspan="2">2</td><td rowspan="2">村民个体经营</td><td>近期</td><td>100</td><td>2</td><td>200</td><td>100</td><td>36500</td></tr>
<tr><td>远期</td><td>200</td><td>2</td><td>400</td><td>200</td><td>73000</td></tr>
<tr><td colspan="2" rowspan="2">合计</td><td>近期</td><td colspan="6">54750（人次/年）</td></tr>
<tr><td>远期</td><td colspan="6">91250（人次/年）</td></tr>
</table>

经营效益估算表　　表II-2

	近期	近期经营效益估算（万元/年）	远期	远期经营效益估算（万元/年）
年游客量	50000（人次/年）		100000（人次/年）	
住宿收入	150（元/人次）	750	300（元/人次）	3000
餐饮收入	50（元/人次）	250	100（元/人次）	1000
旅游相关收入	300（元/人次）	1500	500（元/人次）	5000
合计		2500		9000

规划近期村第一产业在现状基础上逐渐减少（考虑苗木产业的冲击），第二产业不做增量规划，通过乡村旅游产业的初步发展，村经济总量增加至3600万元，提升约80%，同时，第三产业占比提升到约70%；远期随着乡村旅游的成熟，全面提高村经济总量，预计达到9600万元，其中第三产业贡献率达到约90%（表II-3、图II-13）。

规划产业发展经济总量估算（单位：万元）　　表II-3

	现状	近期（5年）	远期（20年）
第一产业	2041	1000	500
第二产业	100	100	100
第三产业	0	2500	9000
合计	2141	3600	9600

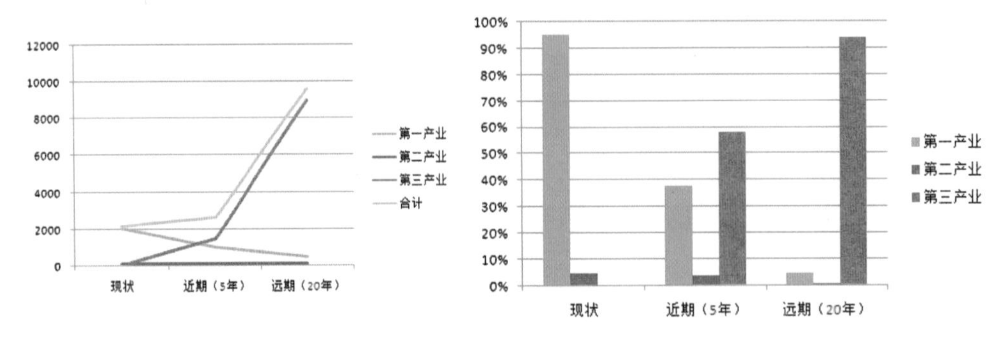

图 II-13　规划产业经济转型与升级分析图

乡村网络力量的培育

棠溪村规划以村民意愿为规划依据，调动村民参与规划的热情并参与到乡村规划的编制过程中，实现规划体现乡村社区内部诉求的目标；其次，重视乡村组织的作用，由村集体牵头，组织村民参与规划的全过程，同时强化乡村经济组织的作用，通过成立乡村旅游公司的方式衔接乡村社区发展动力与区域市场需求；第三，重视经济转型，减少对于外部市场过度依赖造成的经济不稳定与不可持续性，在设计中充分挖掘历史文化资源，并改善村容村貌等环境要素。

1. 乡村社区形成自上而下与自下而上结合的发展动力

在自上而下的行政管理层面，上级政府采用政策与资金支持及派出乡村指导员的形式，对村集体进行对点帮扶，乡村指导员邀请设计团队开展产业转型规划，设计团队提出收集村民意愿的需求，由村集体召集村民，包括外出工作人员，举行村民大会，专门讨论发展意愿，最后优先利用村集体资产启动项目，为发展乡村旅游业起到典型示范与带动作用。

在自下而上层面，村民得以通过规划所搭建的平台真正成为村庄发展的主体，尤其是外出人口，他们在村内仍然保留有财产权利。从这个角度来讲，外出人口仍然是乡村社区发展中本地人群的重要组成部分。

2. 乡村发展形成内生为主、外生联动的发展模式

规划强调对于乡村本土自然生态、历史人文资源的挖掘，形成的产品积极地寻求与区域旅游整体发展的对接。在地方人群作为社区发展主体的前提下，依托于村集体，

开展现代企业制度的运营尝试，建立乡村基层经济组织，并整合村民参与区域市场竞争，保障村民集体利益的实现。与此同时，主动吸引上级政府的政策支持与外部资本的介入。

通过上述途径，规划在棠溪村发展中搭建了一个沟通外部需求与内部诉求、整合本地资源与外部市场的平台。在这个平台上，乡村社区的本地人群始终作为发展的主体，参与乡村规划的全过程，同时形成了乡村规划各相关利益主体的沟通与协调机制，促进了乡村发展中社区共同体的形成（图 II–14）。

乡村振兴战略明确提出了“产业兴旺、生态宜居、乡风文明、治理有效、生活富裕”的评价原则与发展目标。其中，“治理有效”标准的实现需要探索乡村振兴的实施途径与治理方式。

从实际的城乡结构及城乡人口构成来看，我国的乡村发展不可能寄希望于完全的政府财政及外来资本运作。内生发展，从理论上来讲，是实现我国乡村地区发展的现实途径。在实施方法中，以棠溪村为案例的网络模式由于同时具备内生与外生发展模式的优势，避免了自上而下途径的单一僵化和草根途径的动力不足问题，对我国乡村振兴战略的实施具有一定的参考价值与借鉴意义。

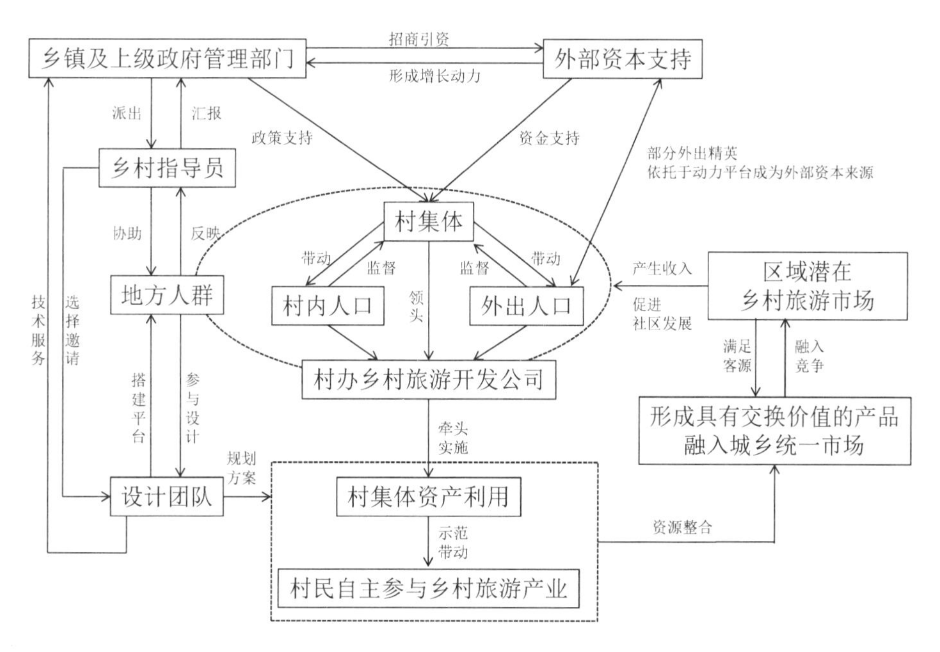

图 II–14　棠溪村规划中的沟通平台与网络

III 旅游村落的在地性策略：北京市·房山区·九渡村①

九渡村是北京市发展乡村旅游的典型村落。在旅游发展过程中，乡村在地性要素会受到外生要素的影响与冲击。规划实践从村落格局、空间肌理、建筑风貌、公共空间、微空间等系统层级的设计提升入手，营造乡村人居环境的场所品质与历史记忆。

乡村旅游与在地性的关系

对于邻近大中城市消费市场的近郊型乡村，乡村旅游构成了其社区经济社会发展的主要动力。与此同时，由于乡村地区在城乡市场中经济、文化、社区力量等方面的相对弱势地位，在乡村旅游发展的过程中，在地性特征不可避免地面临一些负面影响。

1. 乡村旅游的核心要素

乡村旅游是城市化、工业化发展到一定阶段的产物。

在西方，随着战后生产力及社会秩序的逐渐恢复以及消费主义开始出现，乡村地区以其自身的社会、文化、自然资源等价值开始形成城乡关系中新的消费场所。

我国乡村旅游出现并受到重视大约从 20 世纪 90 年代开始，研究的初期以借鉴国际经验为主，后期逐渐深化。杜江等（1999）[103]、王兵（1999）[104]、何景明等（2002）[105]、吕军等（2005）[106]、邹统钎（2005）[107]、刘德谦（2006）[108]、张艳等（2007）[109]、郭焕成等（2010）[110]、尤海涛等（2012）[111]从不同视角出发提出了相关观点，主要包括乡村旅游的概念与特征探讨、模式分析、影响评价三方面内容（表 III-1）。

---

①《北京市房山区十渡镇九渡村村庄规划（2018-2035 年）》由北京市建筑设计研究院有限公司建筑与环艺设计院编制于 2018 年，作为年度优秀案例在北京市房山区进行乡村规划宣讲。获 2021 年度北京市优秀城乡规划设计三等奖。项目主要参与人员：乔鑫，李大鹏，沈晋京，张乐。

现有乡村旅游研究主要观点梳理归纳 表 III-1

作者	概念与特征探讨	模式分析	影响评价
杜江等	是以乡野农村风光及活动为吸引物，以都市居民为目标市场，以满足旅游者娱乐、求知、回归自然等方面需求为目的的一种旅游方式		联合国 1977 年《旅游对于社会文化价值的影响》从接待地主人与客人之间关系的角度，认为乡村旅游的主客关系是短暂的、季节性的、一次性的、自发性的、不对称和不平衡的。这种差异会造成弱势文化向强势文化的靠拢，长远会造成城乡差别的缩小甚至消失
王兵	是以农业文化景观、生态环境、农事生产以及传统民俗为资源，集学习考察、参与观赏、游购娱等为一体的一种“生态旅游”或“绿色旅游”	观赏采摘的表象模式需要走与生态、文化相结合的路径	将旅游业植入到乡村社区原有产业基础上的复合经济结构是对原始环境和传统文化保护的最佳方式
何景明等	狭义的乡村旅游指在乡村地区以乡村性的自然和人文客体作为吸引物的旅游活动		
吕军等	乡村旅游是以乡村为载体，以自然景观、乡村产业、文化三者为媒介，以一系列旅游活动为手段，使旅游者获得对乡村自然和人文的感知和体验，从而得到精神上的升华		
邹统钎	乡村旅游是传统农业的后续产业或替代产业	我国乡村旅游主要有农村依托型、农田依托型、农园依托型三种类型。对北京民俗村进一步分析，细分为自发型模式、领头雁模式、好书记模式。乡村旅游成功的关键是景点依托、亲情服务、客源垄断与分配、良好的区位	经营者的两栖性。农家乐经营一般为副业性质，家庭旅馆的旅游收入并不是惟一收入来源
刘德谦	与农事难以分隔，其核心是包括风土、风物、风俗、风景四个要素的乡村风情，同时还关联风光、风貌、风姿、风味、风谣、风尚等内容	我国当代乡村旅游的四种模式，分别为客源地依托模式、目的地依托模式、非典型模式、复合模式。 目前我国发展最为普遍的一种模式是客源地依托模式，但同时存在产品构成简单和雷同的问题	乡村文化的流逝、旅游者的“行为污染”

续表

作者	概念与特征探讨	模式分析	影响评价
张艳等	乡村旅游的特征包括：内容广博，目标市场是城市居民，参与性强，具有地域性差异，具有季节性，投资少、见效快。乡村旅游的本质属性是乡村文化		
郭焕成等		目前，旅游产品单一，尚以满足游客的物质需求为主，缺乏精神需求的供给	
尤海涛等		乡村旅游经历了“农家乐”或“民俗村”为代表的初级阶段和景区化的快速发展阶段。农家乐模式主要是自发发展模式，景区化模式是政府主导下的外来资本经营管理模式	乡村旅游目的地主要沿景观廊道自发分布，区位和资金起决定性作用，远离廊道的农户很难参与并共享旅游带来的发展效益；廊道地区经常出现简单的、雷同的、低层次的旅游产品；景区化开发模式则带来了乡村文化的空心化和居民利益边缘化问题

乡村旅游核心要素实质上是一种主客体关系，即乡村提供产品满足城市居民需求的城乡关系。在这个关系中，城市居民作为消费者，是乡村旅游关系中占据主动的一方，乡村社区是产品提供与消费发生的空间载体，即客体方，主客体关系是相辅相成的，客体供给与主体需求的耦合构成了乡村旅游的源动力。

从客体的角度，乡村地区区别于城市的地域风情、社会文化特征等要素构成了吸引需求的核心价值。其乡野风光、农业农事、绿色生态、民俗风情、乡村意象等供给可以满足城市地区消费主体在娱乐休闲、求知学习、回归自然、观赏考察、文化体验等多方面的需求（图 III–1）。

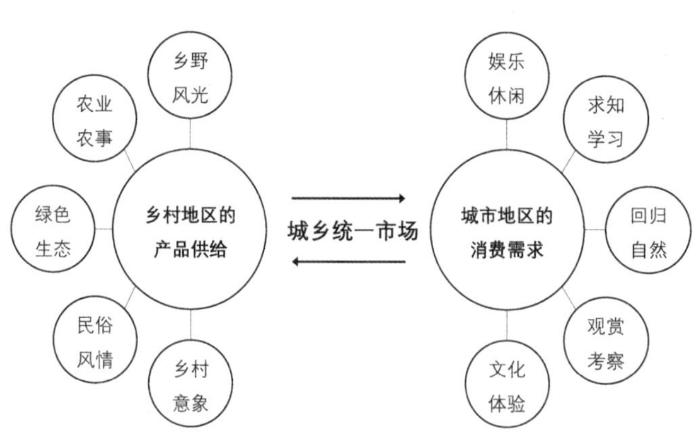

图 III–1　乡村旅游核心要素

主体影响同时会作用于客体，在带动客体产业升级及社会经济发展的同时，由于消费主体在经济、文化等方面的相对强势性，也会产生原有文化要素趋同、差异性消失等问题。

2. 乡村在地性研究综述

“在地性”概念由“在地化”（localization）演变形成，是对应于全球化而出现的。在建筑学领域，认为“地”是建筑存在的依据，“在地”可以理解为此地、当下，既是一种状态，也是一种建筑生成的逻辑机制。相关研究在溯源分析上属于从“地域主义”到“批判的地域主义”的延续。20 世纪 20 年代，刘易斯・芒福德以“海湾学派”的实践作品为正面案例，引出对现代建筑的反思，认为地域概念超越了单纯的美学意义，这是“地域主义”的现代开端。80 年代开始，“批判的地域主义”开始成熟，建筑理论家肯尼斯・弗兰姆普敦总结了其作为建筑思想的七个特征倾向（图 III–2）。[112] 同时，结合乡土建筑、本地居民的生产生活习惯及发展诉求，构成了在地性建筑的理论基础。[113]

乡村空间由于与乡土社区联系紧密，是城乡规划学科在地化研究的主要对象，主要的研究成果基本可以分为五个层次。

第一是对自然环境格局的研究。最早的乡村空间的选址往往具有“动物性”特征。充足的阳光、背山面水的开阔地、稳定的水源与食物来源、良好的视线以预防和规避

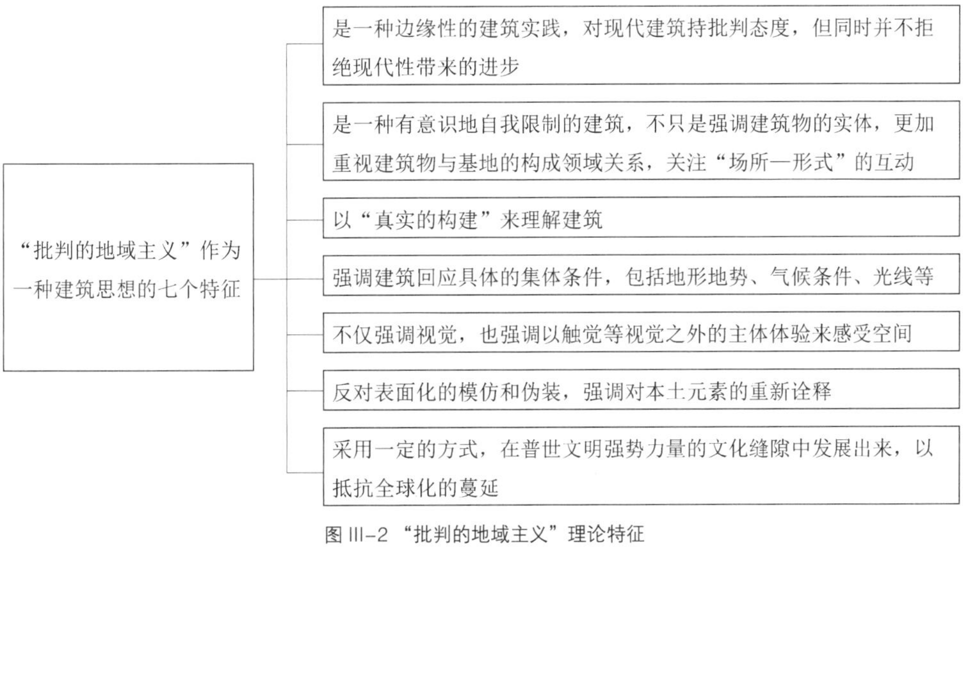

“批判的地域主义”作为一种建筑思想的七个特征

- 是一种边缘性的建筑实践，对现代建筑持批判态度，但同时并不拒绝现代性带来的进步
- 是一种有意识地自我限制的建筑，不只是强调建筑物的实体，更加重视建筑物与基地的构成领域关系，关注“场所—形式”的互动
- 以“真实的构建”来理解建筑
- 强调建筑回应具体的集体条件，包括地形地势、气候条件、光线等
- 不仅强调视觉，也强调以触觉等视觉之外的主体体验来感受空间
- 反对表面化的模仿和伪装，强调对本土元素的重新诠释
- 采用一定的方式，在普世文明强势力量的文化缝隙中发展出来，以抵抗全球化的蔓延

图 III–2 “批判的地域主义”理论特征

敌人……是影响乡村选址与村落结构演变的关键要素。汪睿等提出的苏南村落“环境选择”特征[114]、王恩琪等提出的对乡村聚落差异性体现在环境梯级层面[115]等都是这方面的研究。同时，景观生态学对乡村空间的研究也将村庄聚落与外部景观环境之间的关系作为重要的研究层次，并认为其具有经济、自然生态、文化、空间组织、资源载体、聚居生活等综合性的作用。[116]

第二是针对村落空间格局及肌理的研究。以浙江省新叶村为例，它是血缘结构影响下经历代发展形成的物化的空间系统与结构。[117]刘传林等研究村落格局中人居环境与自然的协调以及形成的集体意识[118]、胡最等以湖南省传统村落为对象研究景观基因[119]，都属于此类。

第三是村庄建筑在地性设计的研究。这方面，国内外均已有大量的实践案例，可以大体分为两类：第一类为政府委托、慈善机构资助或建筑师义务设计的，主要分布于贫困地区、受灾地区的乡村建筑；第二类为经济相对发达、资源环境较好的乡村的示范性项目。[112]在大量实践基础上形成了对于村庄建筑在地性设计的理论共识，即设计需要立足于乡村社区本土文化自信，并将建筑设计与整体环境及地方人文要素进行结合，从而在持续的时间进程内进行文化的传承。[120]

第四个层次是村庄微空间设计。以乡村公共艺术设计为例，主要是研究建造工艺的地方性及材料的就地取材。中央美术学院师生在贵州雨补鲁村创作的秸秆塔等作品是典型案例。[121]

最后，乡村在地性研究不能脱离本地人群的需求而就空间论空间，此类研究强调文化及人文的场所特征，认为需要通过激活乡村空间实现文化与经济的价值提升，并形成文化保护的场所空间。[122]面对同质化的危机，需要关注村民体验感的场所重建，并认为乡村建设实践的原则应当是“生长的、活化传承的乡村”。[123]

总体看来，乡村在地性研究包括三个核心要素。一是物质空间要素，包括自然环境格局、村落空间格局及肌理、村庄建筑、微空间设计四个层面；二是在地文化，即地方人群的生产生活传统延续形成的包括民俗、风物等在内的非物质要素；第三是非物质要素通过物质要素所展现的场所意义（图 III–3）。

3. 乡村旅游与在地性的关系

二者均关注乡村地区的自然生态环境、村落格局、生产生活方式、乡村意象等方面的要素，相关研究的对象，尤其是物质空间方面的研究要素基本一致，但价值判断的视角完全不同。乡村旅游是供给与需求的双向视角，侧重于城乡关系中乡村比较价

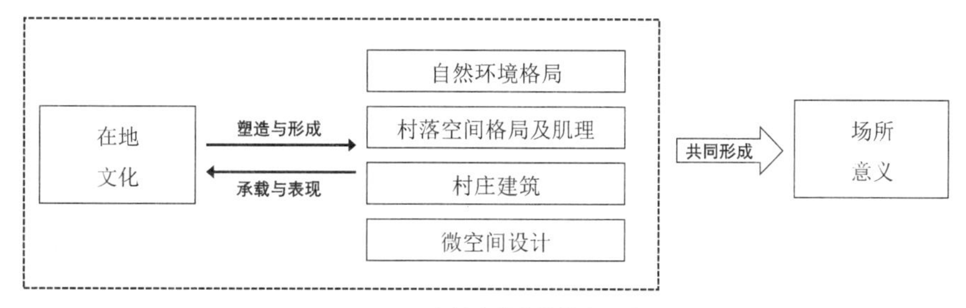

图 III-3　乡村在地性的核心要素

值的实现，是城市居民的旅游主体对乡村产品的旅游客体的要求。乡村在地性是单一视角，是基于本地的单一对象的多要素研究。

乡村旅游的主体需求明确指向基于乡村地区文化独特性所形成的一系列产品，而这些独特性是构成乡村空间、建筑、场所在地性特征的重要影响要素。通过市场需求，乡村旅游发展能够激励乡村社区主动挖掘与凸显自身特色的内生动力，从而保留和提升乡村社区的在地性特征。

同时，乡村旅游会对乡村在地性产生双向的外生影响。

首先，乡村旅游有助于促进农村就业，增强社会稳定性，也有助于优化农村产业结构，实现农业三产化转变。与此同时，由于乡村地区相对于城市主体在经济、文化等方面的相对弱势地位，也由于客体供给相对于主体需求的相对被动位置，乡村旅游不可避免地会对乡村在地性产生外生的冲击。

上述影响在九渡村案例中具有典型性的表现，对于九渡村的分析及规划提升策略，有助于探讨乡村旅游背景下的在地性保护方式，更进一步支撑旅游型乡村的可持续发展及内生动力。

九渡村基本情况

九渡村位于北京市房山区十渡镇，由于交通便利，从 20 世纪 90 年代左右便开始经营农家乐，全村 156 户家庭几乎家家搞农家乐，近年来最高日接待量可达 6000 人次左右。住宿、餐饮相关的服务收入构成了九渡村 95% 的经济来源。

1. 产品单一雷同带来的吸引力下降

九渡村背靠天池山，面向拒马河，山、村之间是连绵的梯田，形成了“山—水—田—村”的理想山水格局，是乡村聚落在地性特征的典型体现（图 III-4）。这些要素构成了该村基本的旅游吸引点，并在此基础上形成了以拒马河水上游乐项目为主的乡村旅游市场。

但由于十渡地区的村落均沿拒马河分布，除九渡村外的其他乡村的自然地理格局、旅游产业定位等高度相似，造成了区域旅游产品供给的同质化竞争（图 III–5）。例如在规划编制时毗邻的八渡村正在新建的农家乐吃住一条街，就引起了九渡村村民的担忧，认为其会对九渡村现状客流造成分流，影响收入。产品单一雷同造成了整个片区乡村旅游产品吸引力的下降，如果不能形成新的吸引点，则会影响乡村旅游市场的可持续性。

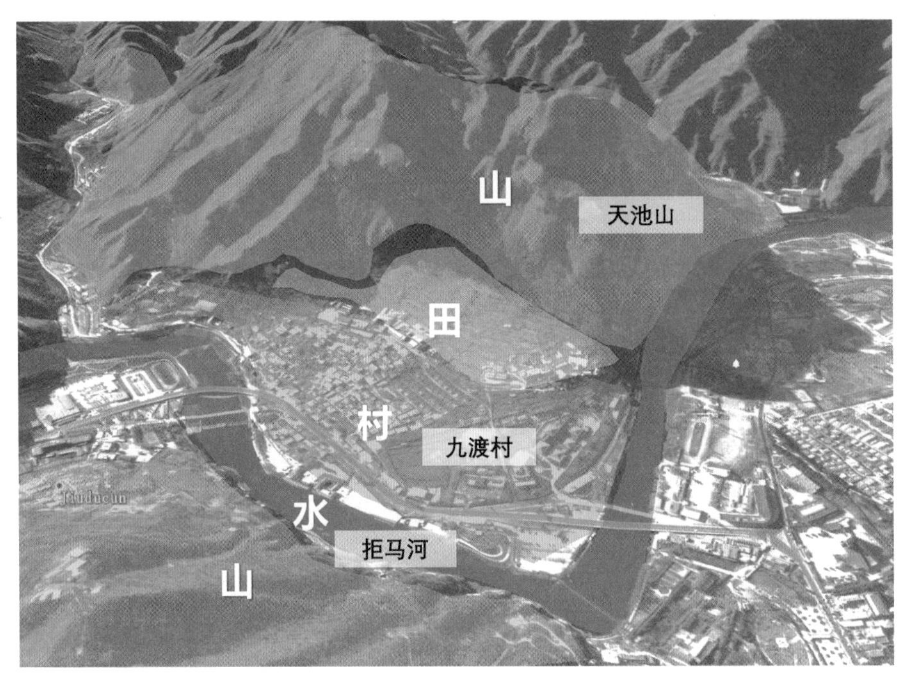

图 III–4　九渡村“山—水—田—村”格局

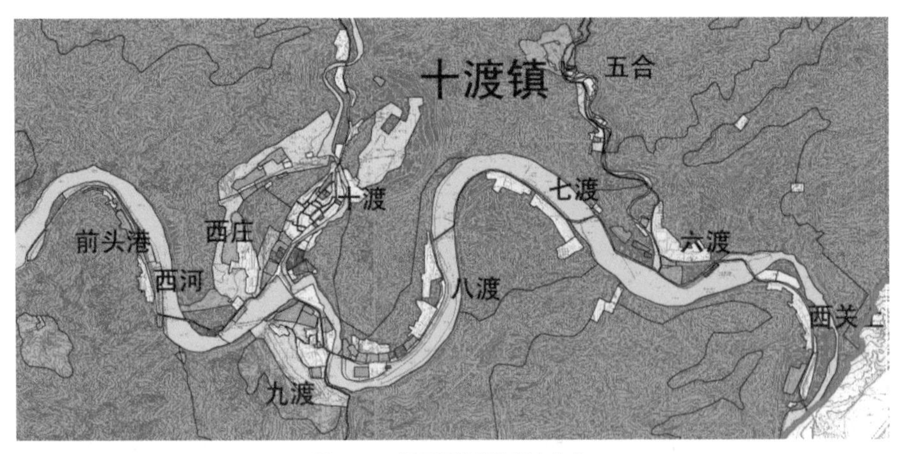

图 III–5　拒马河沿线的村庄分布

2. 建筑体量与风貌的失控

为应对大量旅游人口的住宿需求，村内房屋进行了翻建。建筑层数以三层为主，其中一层为村民自住房间、厨房、餐厅等功能用房，二层、三层全部为旅游者的住宿房间。建筑层数提高，增加接待房间的同时，宅基地原有的院落空间消失，取而代之的是为住宿游客提供活动空间的中庭（图 III–6）。

另外，村庄主路上建于 20 世纪 90 年代的餐饮一条街采用简易的建筑结构，在建筑材料、建筑色彩、建筑风貌等方面均缺少统筹，乡村整体风貌呈现失控状态（图 III–7）。

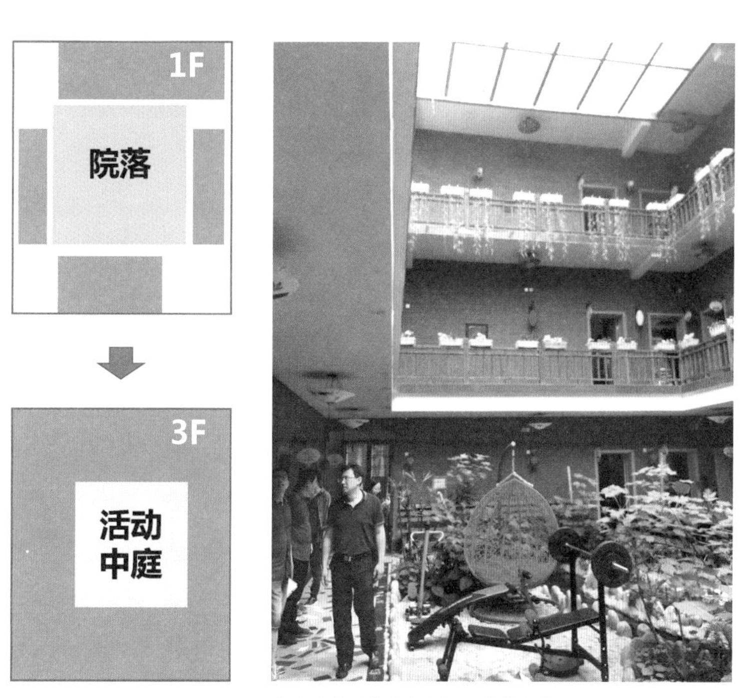

图 III–6　建筑改造后的中庭空间及接待客房

图 III–7　建于 20 世纪 90 年代的餐饮一条街

3. 村庄整体空间肌理的破坏

由于新建建筑体量的变化，传统村落的院落布局肌理被改变。现状村落空间内存在三种截然不同的建设肌理：北侧功能为商业酒店、博物馆等，建筑体量大；中部为2006年左右建成的行列式的农民住房以及小洋楼集中的片区；南部由于存在一条断头路，交通不便导致无法开发农家乐，从而保留了部分传统院落空间。传统村落的空间肌理在乡村旅游的发展过程中被不断侵蚀（图 III–8）。

4. 村民需求分析

村民需求主要的问题：一是道路狭窄不畅及停车难；二是市政设施不足；三是公共空间缺乏，缺少必要的文化广场、绿地等；四是夜间照明严重不足，在九渡的过夜旅游游客缺少夜间活动项目，只能在室内进行活动，也造成了夜间游览项目的缺失。可以看出，村民需求主要聚焦于服务乡村旅游的配套设施建设。

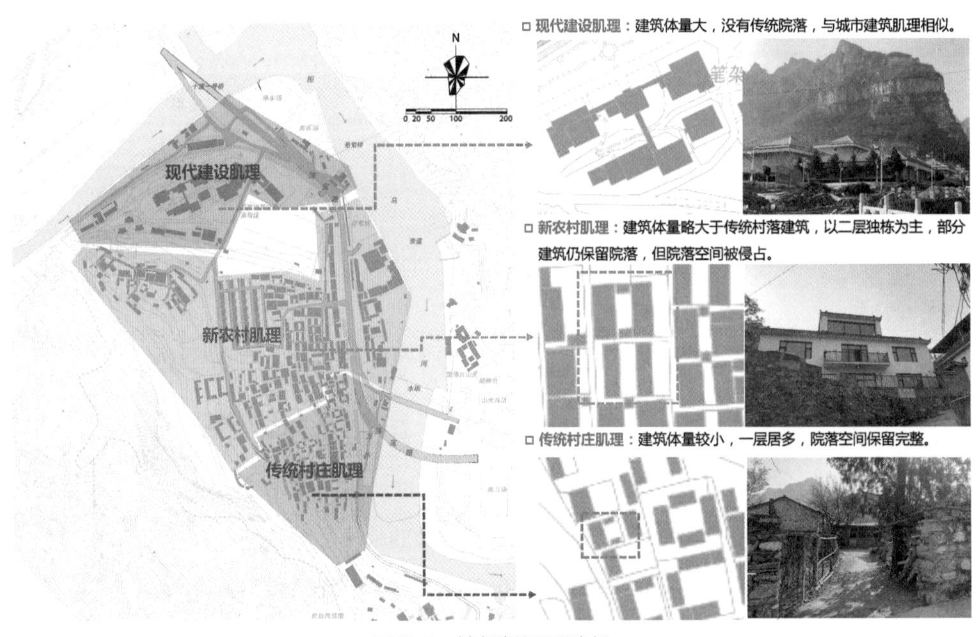

图 III–8　村庄建筑肌理分析

基于资源禀赋及市场需求提升产品吸引力

每个乡村的问题是不同的，乡村规划不是城市规划全面解决问题的逻辑语境，而是针对具体问题，由一点带全身，提供解决方案。针对九渡村的实际需求，其乡村规划的核心问题在于两个方面：

一是如何从村民的角度、管理的角度、游客的角度寻求在乡村旅游发展和乡村社区发展之间的平衡，满足三方各自不同的需求，包括村民日常生产生活需求，区镇等上级政府在生态保护、基础设施支撑、村容村貌保护方面的管理需求以及游客对旅游品质的体验需求。

二是需要在九渡村现状个人模式的乡村旅游的基础上探索乡村社区整体利益的提升，首先需要明确乡村旅游品质提升的路径，同时在维系乡村社区传统风貌的基础上为旅游产业的持续健康发展提供空间支撑保障。

根据上述两个方面的考虑，九渡村规划提出了针灸式的解决方案，以点带面解决乡村社区发展的实际问题。主要的空间提升策略包括增加夜晚灯光、提供停车空间、增设休闲空间、道路系统整理、优化登山项目、整合村落风貌等（图 III–9）。

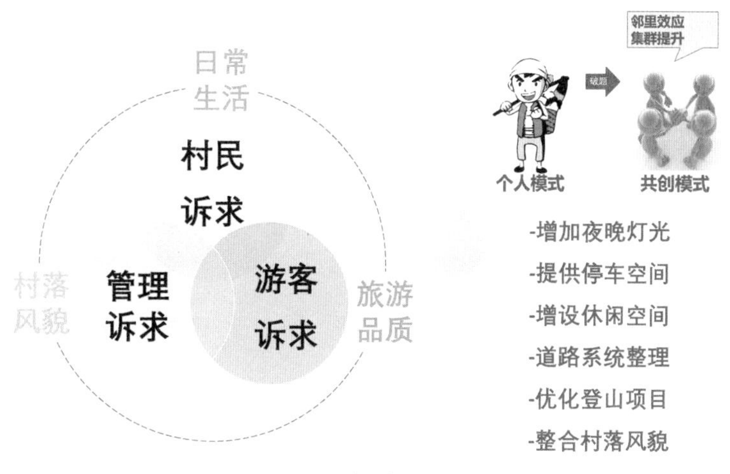

图 III–9　九渡村规划产业体系

产业发展目标定位为打造 24 小时活力的休闲旅游民俗村，在现状单纯的水上旅游项目的基础上通过康体休闲及文化旅游的发展，带动村庄特色产业及内生动力的实现。通过消费产品的提升，在区域内实现差异化竞争。策划主题丰富的康体休闲项目，扩展白天体验的深度与广度，同时通过文化旅游的方式拓宽旅游产品的时间线，不仅要让游客走进来，还要留下来，让乡村社区的夜晚旅游休闲体验活动更加丰富（图 III–10）。

九渡村乡村发展目标最终确定为：依托于现状良好的乡村旅游发展基础，结合上位规划要求与自身山水资源条件，兼顾区域整体旅游市场的需求转型，以浅山地质风光、民宿民餐、街旁微空间改造为依托，提升旅游服务水平，建设“炫夜多彩，魅力九渡”（图 III–11）。

图 III–10　九渡村规划产业体系

（a）九渡村现状黄昏村落风貌（活动减少、缺少夜间照明、活力下降）

（b）夜景提升设想（主路及滨水地区亮化、增设活动广场及活动项目、提升夜晚旅游活力）

图 III–11　“炫夜多彩・魅力九渡”旅游 IP 的意向效果展示

多层级的在地性规划途径

1. 村庄肌理和风貌整体管控

首先对村落整体风貌分区进行规划控制，结合现状特点，划分了艺术文化、传统山水、多彩欢庆、山游景观、传统民宿五个风貌控制与引导区，针对其中的建设要求、色彩、材质等进行统一规定（图 III–12）。

在传统民俗风貌区内，针对现状约 16 处尚未翻新的院落，作为体现乡村传统空间在地性特征的载体，规划提出了三种改造方式供村民自由选择。通过特色化改造，实现从“小洋楼旅游接待”向“民俗院落旅游接待”的转型，并以“院落民宿”为载体实现九渡村旅游接待业的提质升级（图 III–13）。

2. 乡村建筑在地性设计

挖掘乡村建筑的在地性设计要素。

九渡村在 20 世纪 90 年代前的村民住宅建设利用地方石材，当地村民称之为“石板房”。规划对现存的石板房建筑及其院落进行分析，包括灰瓦、木门窗、青砖、土坯、石材等建筑风貌改造设计的色谱体系，其中主色系为青灰和浅灰，分别用于建筑屋顶结构及墙面填充，辅色系为灰黄和深灰，分别用于铺地、色带、墙面粉刷和窗及装饰构件，配色系为青绿和暖褐（图 III–14）。

艺术文化风貌区

以游客综合活动为主，体现现代艺术气息。以商业建筑和旅馆建筑为主导的控制区。建筑风格以现代风格为主，体现时代特色。建筑色彩以蓝色、**白色**为主色调，米黄色、暗红色为辅助色，营造简洁、活泼、富有朝气的色彩氛围。

传统山水风貌区

以游客游览活动为主，严格遵守蓝线管控规定，严禁新增建筑，对原有建筑进行逐步腾退 （现状拒马乐园为国有土地，此次规划暂作保留处理，但需配套增强防洪标准，保障安全）。

多彩欢庆风貌区

游客活动与村民活动兼有，以旅馆建筑和居住建筑为主导的控制区。建筑风格以现代风格为主，部分具有传统风格的建筑需保留。建筑色彩以饱和度较低的彩色为主色调，饱和度较高的彩色为辅助色，呈现色彩纷呈的欢庆氛围。

山游景观风貌区

以游览活动为主，以自然风貌为主导的控制区。禁止开山采石、滥伐植被，保持山体原有的自然风貌。山间游憩设施和休息设施要尽量选择与山体和植被相近的颜色。

传统民俗风貌区

以村民活动为主，以居住建筑为指导的控制区。建筑风格以传统院落和建筑形式为主，新建建筑尽量统一风格，避免出现“奇奇怪怪的建筑”。建筑色彩以**青灰色**、灰白色为主色调，蓝灰色、原木色为辅助色。

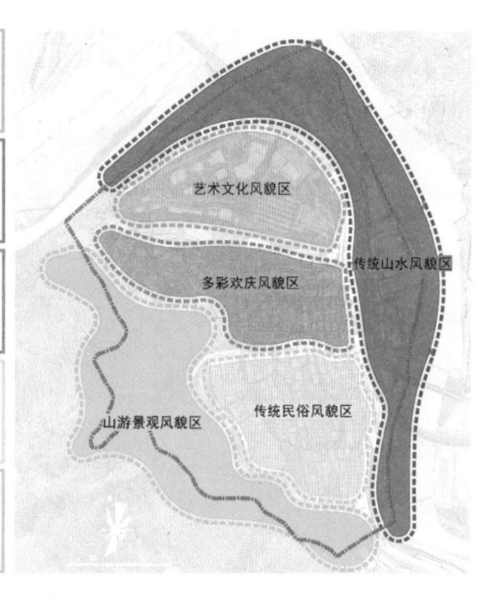

图 III–12　村落风貌分区

图 III–13　传统院落的改造利用建议方案

主色系 A：青灰
层顶、结构

主色系 B：浅灰
墙面填充色系

辅色系 C：灰黄
铺地、色带、墙面粉刷

辅色系 D：深灰
窗、装饰构件

配色系 E：青绿
植物

配色系 F：暖褐
公共休息设施

图 III–14　建筑设计要素提炼

提炼的建筑色谱针对不同的建筑类型提出差异化的设计要求。

传统住宅类建筑立面推荐使用青灰或相近色系，建议建筑屋顶、墙裙使用色系 A，墙体大面积填充部分使用色系 B。A+B 占立面总量建议不低于 85%；民宿类建筑建议 A+B 色系占立面总量不低于 60%，搭配使用色系 F，增添木质构件等设施，A+B+F 不低于 90%；特色商业街、文化建筑、公共建筑立面推荐使用相近色系颜色，根据建筑设计风格定位，优先使用传统建筑常用的青砖、石、泥等材料，体现材料的天然材质特征，不对建筑立面色系使用总量进行限制。

以九渡村现状沿街商业建筑作为示范，对提炼的设计元素进行实际运用，提出了商业街改造提升的引导性方案。村民自主按照规划提出的要求进行建筑更新，并已初步形成较好的效果（图 III–15）。

现状建筑立面

设计引导

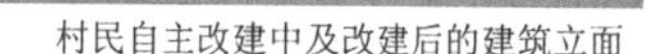

村民自主改建中及改建后的建筑立面

图 III–15　商业街立面改造方案

3. 村庄开放空间及微空间场所

规划通过提升重要的核心节点空间，为村民及游客提供丰富的活动场所，同时增加集中停车场地解决周末及节假日大流量的集中停车需求，并合理区分游客游览线路与村民日常活动流线，做到对村庄整体开放空间体系的提升与优化（图 III–16）。

乡村微空间的景观设计与建造需要遵循生态、实用、质朴、小规模与低技术等原则。规划对一处约有40年历史的石墙提出微改造的空间设计方案，在提升环境品质的同时，保留历史景观要素，塑造场所精神（图 III–17）。

九渡村案例从村落格局、空间肌理、建筑风貌、公共空间、微空间等系统层级的设计提升入手，以在地性营造为切入点解决乡村社区在乡村旅游发展中遇到的现实问题，营造乡村人居环境的场所品质与历史记忆，为旅游发展提供可持续的内生动力。

重点提升三个区域

（1）提升滨水核心节点，设置节庆与民俗广场、滨水休闲广场等功能；

（2）地质博物馆南侧空闲地现状为废弃地，规划建议通过绿化予以环境提升，增加村民及游客的活动休闲场所；

（3）沿主路利用现状集体用地，改造为集村委会、卫生室、活动站、文化娱乐中心、游客服务为一体的综合性设施。

增设两个停车空间

解决周末及节假日大流量的集中停车需求。

一个主流线体系

游客游览与村民生活进行相对分离，游览路线串联主要的滨水空间、景点、村内公共空间、停车场、山体游览线路。

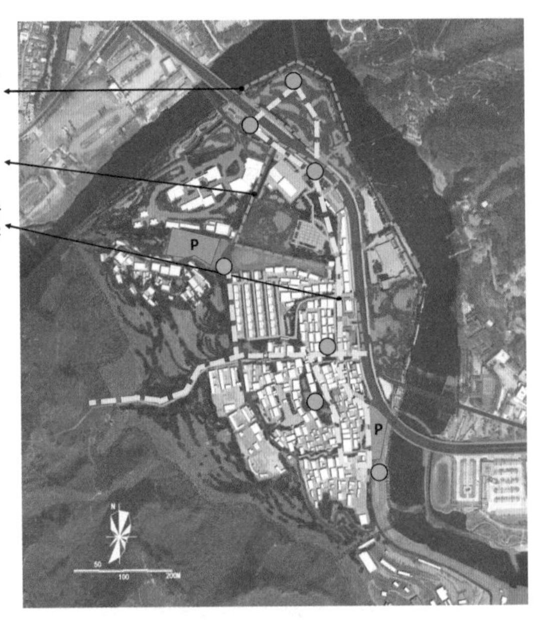

图 III–16　村庄规划总平面及开放空间分布示意图

现状石墙

改造利用效果示意

图 III–17　微空间景观提升方案

Ⅳ 落实乡村建设行动要求：北京市·房山区·高庄村[①]

落实乡村建设行动要求，乡村规划需要优先实现对区域总体生态的保障功能，其次，基于自身资源禀赋条件在城乡市场中提供多元化的消费场所及产品，在村庄建成环境方面更加关注微空间的环境品质提升，最终目标是规划和建设“为人的乡村”，以乡村规划为契机，搭建推动乡村人才振兴的平台。

乡村建设行动新要求的规划回应

《中共中央关于制定国民经济和社会发展第十四个五年规划和二〇三五年远景目标的建议》（简称建议）明确提出实施乡村建设行动，要求把乡村建设摆在社会主义现代化建设的重要位置，要求：“强化县城综合服务能力，把乡镇建成服务农民的区域中心。统筹县域城镇和村庄的规划建设，保护传统村落和乡村风貌。完善乡村的水、电、路、气、通信、广播电视、物流等基础设施，提升农房建设质量。因地制宜推进农村改厕、生活垃圾处理和污水治理，实施河湖水系综合整治，改善农村人居环境。提高农民的科技文化素质，推动乡村人才振兴。”《建议》中乡村建设行动的内容与之前的历史实践相比，体现出以下四个新的特征。

一是更加强调生态治理。明确提出在乡村建设中要实施河湖水系综合整治，改善农村人居环境。生态文明建设，需要在“五位一体”总体布局中发挥统筹作用，其在城乡规划建设过程中的作用及重要程度逐渐提升到了首要位置，其中山水林田湖草是生命共同体的整体系统观是生态文明思想的重要组成部分。乡村地区是落实生态红线、保障区域生态功能的重要区域，在新一轮的乡村建设中，生态治理是其首要的内容。

二是更加强调城乡关系。强调县城综合服务能力，强调统筹县域城镇和村庄建设。在乡村建设行动中，需要从新的城乡关系视角、常住人口城镇化率突破60%、畅通国内大循环的整体背景下思考乡村规划建设的方向。

三是更加强调人居环境。从传统村落及乡村风貌、基础设施、农房建筑等从宏观到微观的层次，具体提出了乡村人居环境建设的重要抓手，应当作为下一步乡村规划

---

①《北京市房山区大石窝镇高庄村村庄规划（2019年－2035年）》由北京市建筑设计研究院有限公司建筑与环艺设计院编制于2019年，作为年度优秀案例在北京市房山区进行乡村规划宣讲。项目主要参与人员：乔鑫，李大鹏，沈晋京，张乐。

编制的重点关注内容之一。

四是更加强调人的提升。在实施乡村建设行动的最后，以人的发展作为结束，强调实现乡村人才的振兴是乡村建设行动的根本目标，也是对历史乡村建设运动中不断强调村民主体地位的特征的进一步强化。

本案例高庄村位于北京市房山区大石窝镇中部，交通区位条件便利，村域面积约 5.26km^2，规划现状年人口约为 2053 人，以盛产汉白玉闻名。紫禁城、金水桥、卢沟桥石狮、人民英雄纪念碑浮雕等的用材，都是产自高庄村所在区域。据史料记载，其石料开采历史可以追溯到汉代。汉白玉的开采、加工一直是高庄村的主导产业。村内汉白玉开采形成的大白玉塘现为市级文物保护单位。

高庄村规划从生态修复、产业转型、微空间环境提升、村民主体实现乡村振兴四个角度进行了相应的规划探索，落实乡村建设行动的国家战略要求。

从资源供给地转变为生态保障地

在原有工业化带动城镇化的发展阶段，乡村地区除了作为粮食生产地，也承担了大量工业化原材料的生产功能。高庄村是这方面的典型代表，在工业化阶段，村内的采石产业构成了乡村收入的主要部分，通过二产的发展实现了村庄经济收入的提升，但工业化的方式也不可避免地带来了生态环境问题。长期开采导致土地裸露比例大，地形地貌的大面积破坏状态亟待修复，同时大白玉塘原有采矿切面周边存在严重的安全隐患（图Ⅳ－1）。

图 Ⅳ–1　大白玉塘采石坑

面对新时期生态优先、绿色发展的总体要求，高庄村原有的采石废弃地需要进行生态修复，并在宏观层次对接市区两级的生态红线空间，实现在整体城乡关系中从资源供给地向生态保障地的职能转变。

1. 落实两线三区，划定村庄控制线

从空间位置看，高庄村属于北京总规划定的两线三区中的生态控制区，少部分属于限制建设区。根据政策要求，此类村庄应统筹考虑村庄长远发展和农民增收问题，村庄的发展建设要坚持生态保育的大原则，通过整治村容村貌、提升环境品质、完善配套设施、发展宜农宜绿产业、挖潜村庄特色、加强村庄治理，建设与自然和谐相融的美丽乡村。

规划首先将文保紫线、河道蓝线与现状村庄集中建设区、村庄产业用地、采矿用地空间分布进行叠合，形成村庄发展的限制要素综合分析图，强调上位规划底线控制的刚性传导。

在要素叠合分析的基础上划分村域空间管制范围。经划定，适宜建设区布局村庄集中建设区及整合后的产业发展用地，总面积 36.02hm^2，占村域总面积的 6.84%；限制建设区面积 16.04hm^2，现状产业区主要实现产业腾退与景观提升，可考虑结合矿山公园建设公园配套设施，占比 3.05%；禁止建设区 474.40hm^2，占比 90.11%。严格禁止新建项目，保育生态环境，对原有矿业废弃地进行生态绿化修复（图 IV-2、图 IV-3）。

图 IV-2　村域限制要素综合分析图

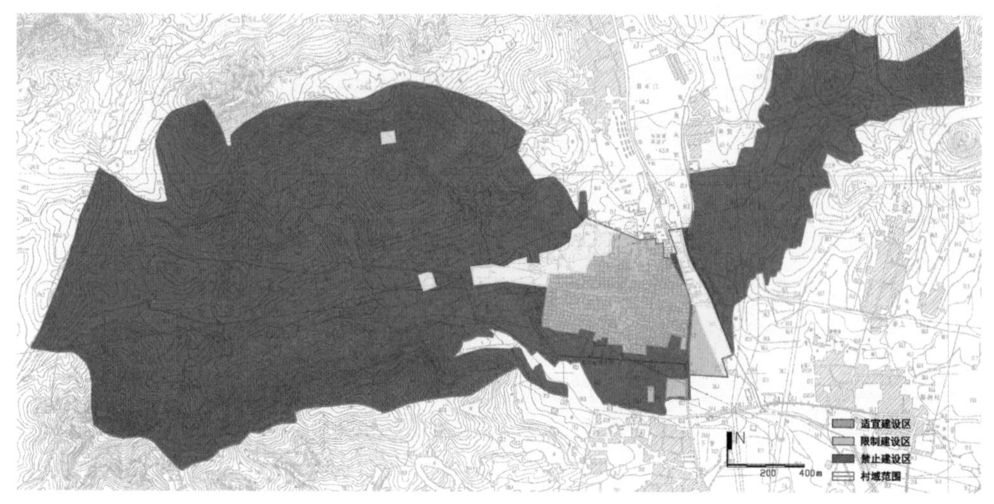

图 IV-3　村域空间管制分析图

2. 落实两规合一要求的用地结构调整

根据《北京市村庄规划导则》的“两规合一”及房山区的统一要求，新编制的村庄规划中的村集体产业用地必须布局在上位土规的建设用地图斑内。土规校核图斑外的现状村集体产业用地需要逐步腾退，实现村庄建设用地减量。

高庄村村域面积 5.26km^2，现状以农村非建设用地为主。土规校核建设用地图斑总指标为 41.67hm^2，在扣除宅基地、国有用地以及文保单位后，可用于村庄产业用地建设的指标为 8.54hm^2。在确定村庄主要控制线、明确建设用地总量及布局要求的基础上提出村庄土地结构优化的用地布局方案。经规划提升后，用地结构首先实现了增加水域和农林用地，落实两线三区，保障区域生态效益的支撑作用（图 IV-4 ~ 图 IV-7）。

从生产地转变为消费地

经镇村两级的对接、区政府的支持，高庄村准备通过建设矿山公园的方式来进行转型发展的探索。一方面，以大白玉塘的历史演进作为生态文明建设实践效果的展示窗口；另一方面，也希望以矿山公园作为乡村发展的新的支撑载体，实现村民从原先采石加工的第二产业向乡村文化旅游的第三产业的转变（图 IV-8）。

村民首先通过土地入股的方式成为镇政府成立的资产经营公司的参股主体，在项目建设及运营过程中，优先安排村民就业。据前期估算，矿山公园的安保、售卖、物业、

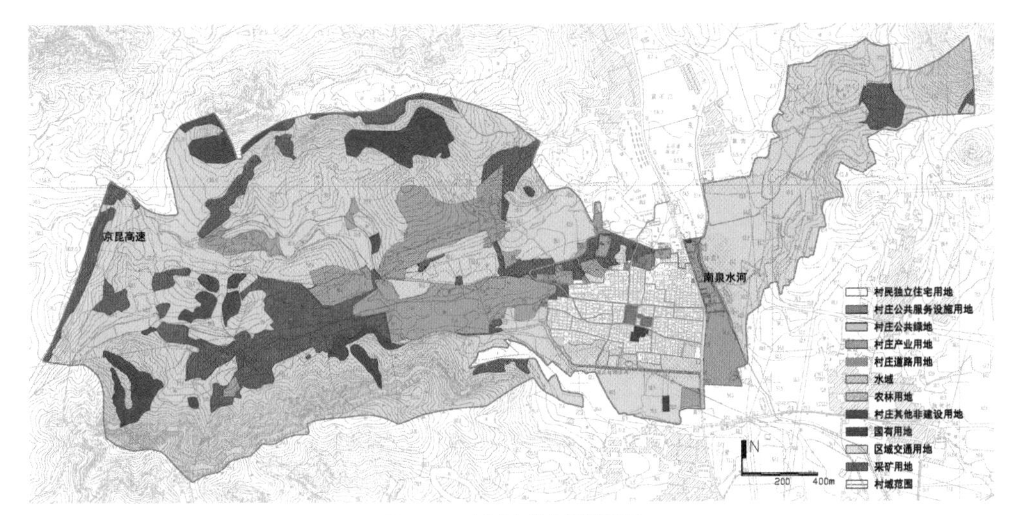

图 IV-4　村域土地使用现状图

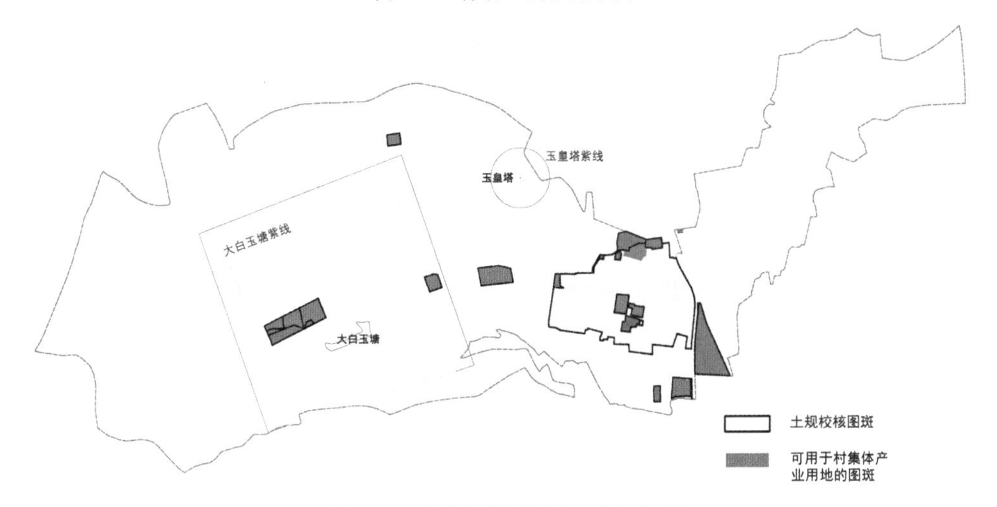

图 IV-5　土规校核建设用地地块分布分析图

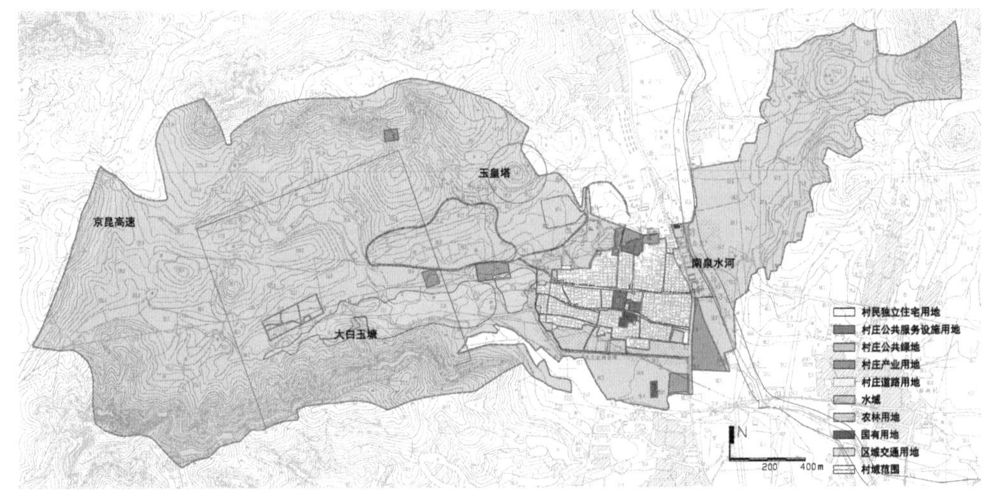

图 IV-6　村域土地使用规划图

图 IV–7　现状采石场生态修复效果示意图

资料来源：《北京房山区高庄汉白玉特色文旅休闲项目概念规划设计》（北京融创建投房地产集团有限公司、北京汉远文化旅游发展有限公司编制）

图 IV–8　矿山公园效果图

资料来源：《北京房山区高庄汉白玉特色文旅休闲项目概念规划设计》（北京融创建投房地产集团有限公司、北京汉远文化旅游发展有限公司编制）

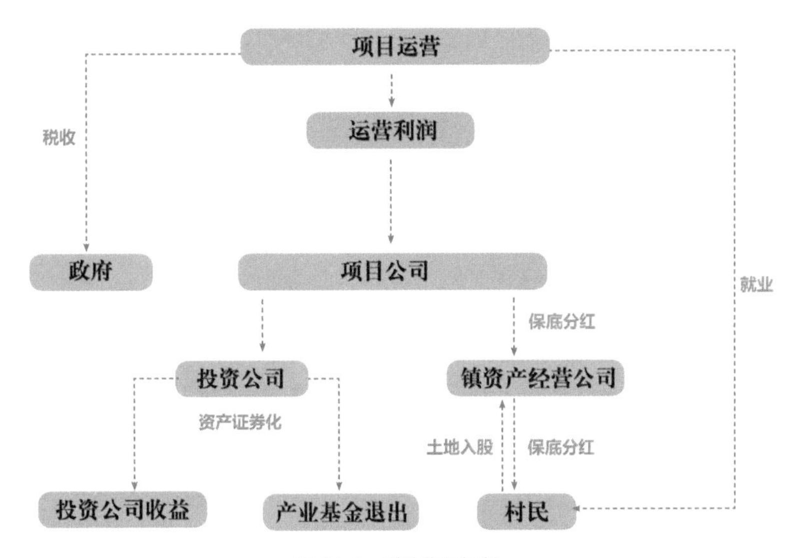

图 IV-9　利益分配机制

资料来源：《北京房山区高庄汉白玉特色文旅休闲项目概念规划设计》（北京融创建投房地产集团有限公司、北京汉远文化旅游发展有限公司编制）

保洁等岗位可产生直接就业人数 1672 人，通过旅游带动的零售、住宿、餐饮、传统手工业等间接就业人数约 3000 人。项目运营产生收益后，在保障政府税收、投资公司收益的基础上，项目公司需要为镇资产经营公司提供保底分红，并经镇资产经营公司传递到村民（图 IV-9）。

从传统空间提升转变为注重微空间营造

村落内保持村庄基本骨架及空间肌理的基础上，针对村内两条主要道路进行绿化景观风貌提升，通过绿地系统串联村委会、村庄入口、滨水公园等节点，见缝插绿，水系进村，针对村庄实际情况，真正提升美丽乡村的整体风貌（图 IV-10~ 图 IV-13）。

从村民参与转变为村民主体

除大白玉塘外，高庄村种植御塘稻历史悠久，在民间流传着大米蒸煮七次还犹如新米下锅，一家煮饭十家香的美誉，被清、明两朝封为皇家御塘贡米，几百年来，久负盛名。

图 IV-10　村庄主路提升前后效果示意

图 IV-11　宅前屋后边角地提升前后效果示意

图 IV-12　滨水公园提升前后效果示意

图 IV-13　村庄入口提升前后效果示意

由于矿山公园建设周期较长，在规划取得共识后，高庄村御塘稻米区首先进行了面向乡村旅游的土地整理与环境提升。同时，高庄村委积极组织各类文化旅游活动，相继举办了“玉贡水乡新风采，美丽田园稻花香”主题的插秧节、“稻田丰收忙，京西贡米香”主题的丰收节等活动，进一步以乡村建设为平台，激发村民的主体意识。主题插秧节活动融汇了稻作文化、民族文化、水文化要素，充分展现了高庄村的稻田农业旅游资源的独特优势[1]（图 IV-14）。

在活动全过程中，从活动组织、场地布置、环境整治、特色项目策划等前期工作，到各项活动的管理、主持、节目表演等，均由高庄村村民作为主体进行组织。在下面反映插秧节场景的诗中，完整展现了高庄村以清泉、稻田为代表的农耕文明的传承与发扬。

（a）插秧比赛区

（b）儿童体验区

（c）农产品展示区

（d）御塘稻米品尝区

图 IV-14　主题插秧节活动现场照片

① 网络资料：https://www.meipian.cn/26fo7sjf

玉泉水乡高庄稻

作者：任澄清

夏日骄阳晴朗天，石窝潺潺流清泉。

欢歌劲舞锣鼓响，稻作插秧在眼前。

农耕文化播久远，璀璨文明继前贤。

玉贡水乡高庄稻，御塘贡米祖辈传。

乡村规划不仅是物质空间的一种安排，获得共识的乡村规划也是一个促进村民主体带动乡村社区发展的激励平台，同时也可成为指导乡村长期可持续发展的基本原则与方向。

V　从下乡到入乡：浙江省 · 湖州市 · 廿舍度假村[①]

同济大学背景的几位投资人把这里命名为“廿舍”，只因这里是他们心心念念，不忘之舍。从设立之初，廿舍就确立了助力乡村实践，带动乡村旅游发展的初衷。“我们自己投资，自己设计，怎么肯做成偏离自己初衷的呢？”他们不允许别人把廿舍变成商业化机器，而是希望将其建设成和自己一样的学者型气质的独一无二的度假村。

城乡互动纽带

与前四个案例不同，廿舍是规划师团队作为项目建设与运营主体，参与到乡村振兴实践一线的一个案例。廿舍位于湖州市吴兴区妙西镇妙山村，规划范围 136 亩，总建设用地面积 5.89 亩，总建筑面积 6800m^2，是浙江省“坡地村镇”点状供地试点项目。[②]从设立之初，廿舍就确立了助力乡村实践、带动乡村旅游发展的初衷，定位为学术、农旅、文创、度假四位一体的城乡互动纽带。在设计上，廿舍由规划师、建筑师、景观设计师、艺术家和生态学家联手跨界打造，依山就势而建，融于茂密幽静竹林之中（图 V-1）。

图 V-1　廿舍建成效果

① 廿舍度假村是同济大学李京生、赵月教授团队及同济大学背景的合伙人联合建设运营的项目。

② 2015 年浙江省开始推行“坡地村镇”建设用地试点，按照“房在林中，园在山中”的要求，实行“点状布局、垂直开发”，采取“点状供地”。详细政策参见《关于做好低丘缓坡开发利用推进生态“坡地村镇”建设的若干意见》。

对在地资源的挖掘与利用

1. 对在地文化的挖掘与利用

“茶圣”陆羽在湖州写就了《茶经》，中国十大古道之一的陆羽古道就位于吴兴区。此外，湖笔与徽墨、宣纸、端砚并称为“文房四宝”，也是湖州地方文化的重要载体。在廿舍，游客可以深度参与采茶、湖笔制作等体验地方文化的活动，同时，茶园每年清明、谷雨期间产出“廿舍一味”，白茶也成为在地文化的传承与宣传载体（图 V-2）。

2. 自然与乡村教育

廿舍的菜园将新鲜的食材展现在客人面前，客人可以直接在餐厅吃到自己采摘的蔬菜。同时，廿舍和自然种子团队以“回归自然之道、传递自然能量”为理念，致力于为家庭亲子及自然爱好者提供高品质的自然新体验（图 V-3、图 V-4）。

图 V-2　廿舍茶山与湖笔制作体验

图 V-3　自然教育与特色农产品

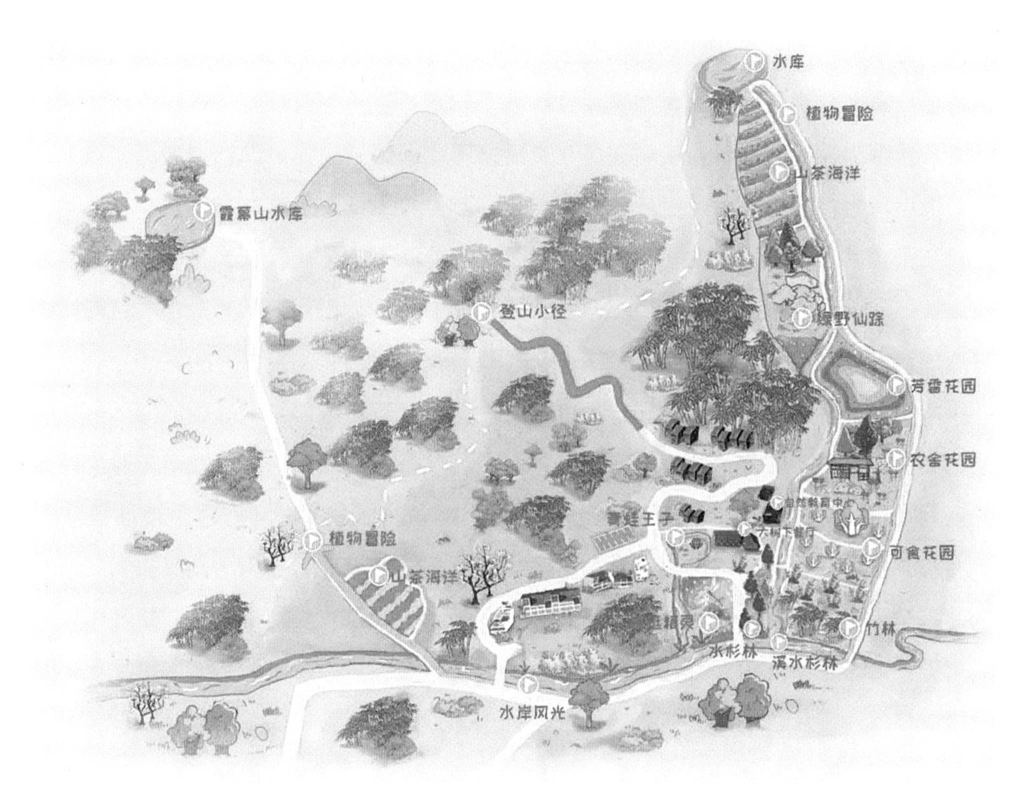

图 V-4 廿舍自然教育地图

从“下乡”到“入乡”

除了产品输出维度，廿舍作为“城乡互动纽带”，其作用的另一个维度就是把城市的各类资源带入乡村社区，使之成为乡村振兴的动力之一，真正实现乡村振兴的可持续动力。从“下乡”到“入乡”，体现的是对于乡村建设的态度的转变。

传统的规划，虽然可以采取多种手段达到尊重村民意愿的目标，但从组织、编制、到审批的总体特点来看还是一项带有行政事权属性的、自上而下的专业工作。在这个过程中出现的各类资源、人才、信息等进入乡村社区的效果就体现出“下乡”的路径特征。

廿舍是一项自下而上的、非传统规划的实际建设项目，可以说是用针灸点穴的方式，直接进入乡村社区。在这样的背景下，项目建设者与运营者实际上成为了在地社区的主体，也就是内生发展理论中最核心的在地人群。由此，廿舍的各项活动所吸引的资源、人才、信息等，就变成了连接内生与外生的“带入”过程。

一是学术入乡。作为中国城市规划学会乡村规划与建设学术委员会专业实践基地，大量乡村振兴与规划建设的学术交流会在廿舍召开。在这个过程中，往往会邀请妙山村、妙西镇、吴兴区的代表参会并发言交流，实质上起到了信息交往与沟通的效果，在物质空间之外建立了地方社区与外界的定期联系。

二是艺术入乡。廿舍配建的妙山美术馆，相继举办了吴家骅 & 吴昊写意国画观摩邀请展、中国水墨画展、常青院士历史空间再生设计展、湖州艺术家书画展、刘祖鹏感恩故土美术作品展等一系列艺术展览，打造城乡之间的交流平台（图 V–5）。廿舍还承接了两届西塞山音乐嘉年华森林音乐派对，结合音乐嘉年华演出的同时还有集文创、美食、精酿、咖啡、纹身艺术于一体的文创集市，将以往只有在城市才有的场景带入到乡村社区（图 V–6）。

三是技术入乡。廿舍二期采用了绿建轻钢集成装配式建筑技术，积极探索在乡村和山区建设轻钢集成装配式建筑的推广途径。同时承办了首届轻钢集成建筑技术与产业创新高峰论坛，围绕"乡村振兴、农村住宅、文旅康养、田园综合体"等发展关键词探讨技术对于乡村社区发展的带动与支撑作用（图 V–7）。

图 V–5　妙山美术馆的艺术交流

图 V–6　音乐嘉年华海报及现场活动

图 V-7　廿舍二期度假山居建成效果

图 V-8　廿舍·院士之家及进家仪式活动

四是院士入乡。廿舍的院士之家将湖州籍的院士专家请进乡村，让他们为家乡的乡村振兴献计献策（图 V-8）。同时将院士团队的研究资源引入，打造集“学术研讨、成果转化、决策咨询、项目引进、国际交流、文化传播、联谊休假”七大功能于一体的多功能创新平台。

激活乡村社区的内生发展动力

从前期策划，到 2016 年 5 月 7 日开工建设，再到 2020 年 5 月 16 日正式开业，廿舍在城乡互动纽带理念下，一头连接城市资源，一头扎根乡村建设。通过自身的建设与运营，一是对周边临近乡村起到展示与带动作用，二是对区域整体以乡村旅游带动的乡村振兴路径起到支撑作用。

首先，在村民收入方面：以廿舍所在的妙山村为例，在廿舍建设前的 2014 年，农民主要收入来源于农业，例如竹笋、白茶、果木、香菇种植等以及养鸡、养鸭等养殖业。虽然人均纯收入高于全国平均水平（约 14000 元左右，全国为 10400 元左右[①]），但收入来源结构相对单一。

廿舍从建设到运营的过程中，周边乡村村民通过出工方式，例如建设、保洁、餐厨、农业讲解等就业方式，增加了收入来源；同时在这个过程中，村民逐渐意识到乡村旅游发展对于增加家庭收入的作用，也学习到了近在身边的、先进的经验，所以在区、镇两级政府的引导下，参与乡村旅游的农户逐渐增加，村民收入在乡村旅游发展中逐年提高，越来越多的外出村民返乡创业。

"以前就是种茶叶、挖竹笋，挣不了多少钱。现在镇上旅游业搞得很好，游客多，最高的时候我一天就卖出了 8000 多块钱的土鸡蛋！"——妙西镇村民冯爱英[②]

其次，在村庄风貌方面：在廿舍建设前，周边村落虽然自然环境比较良好，但村民住宅建设相对缺乏特色。实际上浙江地区村民家庭经济实力普遍较强，对于家庭建房的需求也比较强烈，但在缺乏明确的区域发展目标的情况下就出现了风貌不协调等问题。

通过对廿舍建筑风貌的参考借鉴，村民逐渐认识到在地特征对于消费者群体的吸引力，区域内乡村在村民住宅风貌和整体环境建设两方面都开始逐渐体现出向基于乡村在地特征进行优化提升的变化趋势（图 V-9）。

第三是村庄的整体健康发展。通过廿舍项目点式的示范与带动作用，妙山村在 2016 年后不断地受到各级政府的关注与肯定，从美丽乡村、社会治理、环境卫生等各方面都形成了可持续的内生动力（图 V-10）。

① 数据来自网络资料："2014 年居民生活（居民收入）情况"，中央政府门户网站 www.gov.cn

② 引自网络资料：https://baijiahao.baidu.com/s?id=1673549990024394993&wfr=spider&for=pc

提升前

提升后

图 V-9　周边乡村社区风貌提升前后效果对比

2016年12月	2017年12月	2019年1月	2020年3月	2021年8月	2021年10月	2021年12月
年度浙江省美丽乡村特色精品村	年度浙江省3A级景区村庄	省2018年度“省级民主法治村（社区）”	2019年度省“一村万树”示范村	第三批全国乡村旅游重点村	农业农村部推介妙山村为2021年中国美丽休闲乡村	2021年度省卫生村

图 V-10　妙山村的全面发展

资料来源：http://www.tcmap.com.cn/ 浙江省湖州市吴兴区妙西镇妙山村词条

参考文献

[1] 李源 . 内源性经济与外源性经济比较研究 [J]. 学术研究 , 2004.
[2] 张环宙 , 黄超超 , 周永广 . 内生式发展模式研究综述 [J]. 浙江大学学报 (人文社会科学版), 2007.
[3] 梁立新 . 超越外生与内生 : 民族地区发展的战略转型——以景宁畲族自治县两个村庄为例 [J]. 浙江社会科学 , 2015.
[4] 张延升 . 农业内源性与外源性发展方式的比较分析 [J]. 云南农业大学学报 (社会科学版), 2012.
[5] 黄建忠 , 毛恩荣 . 金融危机与区域经济发展模式的转变——以沿海四大区域经济模式为例 [J]. 国际贸易问题 , 2009.
[6] John Fredmann, 李泳 . 规划全球城市 : 内生式发展模式 [J]. 城市规划汇刊 , 2004(4): 3-7.
[7] 方劲 . 乡村发展干预中的内源性能力建设——项西南贫困村庄的行动研究 [J]. 中国农村观察 , 2013.
[8] 杨秀丹 , 赵延乐 . 欧盟农业新内源性发展模式分析及启示 [J]. 河北大学学报 (哲学社会科学版), 2013.
[9] 彭水军 , 包群 . 环境污染、内生增长与经济可持续发展 [J]. 数量经济技术经济研究 , 2006.
[10] LOCKIE S, LAWRENCE G A, CHESHIRE L A. Reconfiguring rural resource governance: The legacy of neo-liberalism in Australia[J], 2006.
[11] 鲁可荣 . 后发型农村社区发展动力研究 : 对北京 , 安徽三村的个案分析 [M]. 芜湖 : 安徽师范大学出版社 , 2010.
[12] 林矗 . 外源性区域经济发展研究 [D]. 福州：福建师范大学 , 2003.
[13] 王志刚 , 黄棋 . 内生式发展模式的演进过程——一个跨学科的研究述评 [J]. 教学与研究 , 2009.
[14] 张文明 , 腾艳华 . 新型城镇化 : 农村内生发展的理论解读 [J]. 华东师范大学学报 (哲学社会科学版), 2013.
[15] BARKE M, NEWTON M. The EU LEADER initiative and endogenous rural development: The application of the programme in two rural areas of Andalusia, Southern Spain[J]. Journal of Rural Studies, 1997, 13(3): 319-341.
[16] MURDOCH J. Networks — a new paradigm of rural development?[J]. Journal of Rural Studies, 2000, 16(4): 407-419.
[17] 冯俊 . 从现代主义向后现代主义的哲学转向 [N]. 中华读书报 . 2003-12-31.
[18] CLOKE P, MARSDEN T, MOONEY P. The handbook of rural studies[J]. Sage, 2006.
[19] JENKINS T N. Putting postmodernity into practice: endogenous development and the role of traditional cultures in the rural development of marginal regions[J]. Ecological Economics, 2000, 34(3): 301-313.
[20] RAY C. Endogenous Development in the Era of Reflexive Modernity[J]. Journal of Rural Studies, 1999, 15(3): 257-267.
[21] 姚登权 . 后现代文化与消费主义 [J]. 求索 , 2004(1): 3.
[22] 李璐颖 . 城市化率 50% 的拐点迷局——典型国家快速城市化阶段发展特征的比较研究 [J]. 城市规划学刊 , 2013.
[23] 陆学艺 . 内发的村庄 [M]. 北京 : 社会科学文献出版社 , 2001.
[24] 李庆真 . 现代化进程中我国乡村社区内发动力研究 [D]. 兰州 : 西北师范大学 , 2004.
[25] 李裕瑞 , 刘彦随 , 龙花楼 . 黄淮海地区乡村发展格局与类型 [J]. 地理研究 , 2011.
[26] 唐伟成 , 彭震伟 , 陈浩 . 制度变迁视角下村庄要素整合机制研究——以宜兴市都山村为例 [J]. 城市规划学刊 , 2014.
[27] 党国英 . 党国英 : 建设社会主义新农村　华西南街模式能否被复制 [J]. 农村・农业・农民 (B 版)(三农中国), 2006.
[28] 滕燕华 . 内源性发展理论视角下的上海农村经济生活结构研究 [D]. 上海 : 华东师范大学 , 2010.
[29] 杜海生 . 村庄社区化 : 内生需求与外部推力——以一个豫北村庄转型为个案 [D]. 武汉 : 华中师范大学 .

[30] 黄亚平，林小如．欠发达山区县域新型城镇化动力机制探讨——以湖北省为例 [J]. 城市规划学刊，2012.
[31] 张富刚，刘彦随．中国区域农村发展动力机制及其发展模式 [J]. 地理学报，2008.
[32] 郭艳军，刘彦随，李裕瑞．农村内生式发展机理与实证分析——以北京市顺义区北郎中村为例 [J]. 经济地理，2012.
[33] 杨丽．农村内源式与外源式发展的路径比较与评价——以山东三个城市为例 [J]. 上海经济研究，2009.
[34] 杨廉，袁奇峰．基于村庄集体土地开发的农村城市化模式研究——佛山市南海区为例 [J]. 城市规划学刊，2012.
[35] 唐伟成，罗震东，耿磊．重启内生发展道路：乡镇企业在苏南小城镇发展演化中的作用与机制再思考 [J]. 城市规划学刊，2013.
[36] 李慧．农业旅游内生式发展模式探究 [D]. 扬州：扬州大学，2013.
[37] STERN R. Paradise planned: the garden suburb and the modern city[M]. United States: The Monacelli Press, 2013.
[38] 兰德尔・阿伦特．国外乡村设计 [M]. 叶齐茂，倪晓晖，译．北京：中国建筑工业出版社，2010.
[39] 周婷．汉姆斯特德田园城郊空间设计探析及思考 [J]. 中外建筑，2014.
[40] 彭震伟．区域研究与区域规划 [M]. 上海：同济大学出版社，1998.
[41] 张长兔，沈国平，夏丽萍．上海郊区中心村规划建设的研究 (上)[J]. 上海建设科技，1999.
[42] 徐全勇．中心村建设理论与我国中心村建设的探讨 [J]. 农业现代化研究，2005.
[43] 邓大才．小农政治：社会化小农与乡村治理 [M]. 北京：中国社会科学出版社，2013.
[44] 袁镜身．当代中国的乡村建设 [M]. 北京：中国社会科学出版社，1987.
[45] 汪庆玲．乡镇规划与建筑设计 [M]. 北京：水利水电出版社，1987.
[46] 中国城市规划设计研究院．城市规划资料集・第三分册・小城镇规划 [M]. 2005.
[47] 刘保亮，李京生．迁村并点的问题研究 [J]. 小城镇建设，2001.
[48] 周其仁．改革的逻辑 [M]. 北京：中信出版社，2013.
[49] 汪光焘．认真研究社会主义新农村建设问题 [J]. 城市规划学刊，2005.
[50] 温铁军．中国新农村建设报告 [M]. 福州：福建人民出版社，2010.
[51] 林毅夫．“三农”问题与我国农村的未来发展 [J]. 求知，2003.
[52] 蔡昉．“工业反哺农业、城市支持农村”的经济学分析 [J]. 中国农村经济，2006.
[53] 周一星．“desakota”一词的由来和涵义 [J]. 城市问题，1993.
[54] 于峰，张小星．“大都市连绵区”与“城乡互动区”——关于戈特曼与麦吉城市理论的比较分析 [J]. 城市发展研究，2010.
[55] 彭震伟，陆嘉．基于城乡统筹的农村人居环境发展 [J]. 城市规划，2009.
[56] 仇保兴．城乡统筹规划的原则、方法和途径——在城乡统筹规划高层论坛上的讲话 [J]. 城市规划，2005.
[57] 李兵弟．中国城乡统筹规划的实践探索 [M]. 北京：中国建筑工业出版社，2011.
[58] 赵钢，朱直君．成都城乡统筹规划与实践 [J]. 城市规划学刊，2009(6): 6.
[59] 刘豪兴．农村社会学 (21 世纪社会学系列教材)[M]. 北京：中国人民大学出版社，2004.
[60] 陆学艺．“三农”问题的核心是农民问题 [J]. 社会科学研究，2006(1): 4.
[61] 朱启臻．农民为什么离开土地 [M]. 北京：人民日报出版社，2011.
[62] 费孝通．江村经济 [M]. 上海：上海世纪出版社，2007.
[63] 贺雪峰．村治的逻辑：农民行动单位的视角 [M]. 北京：中国社会科学出版社，2009.

[64] 徐勇 . 最早的村委会诞生追记——探访村民自治的发源地 : 广西宜州合寨村 [C]// “村民自治暨合寨村村民委员会成立 30 周年”研讨会论文集 , 2010.
[65] 翁一峰 , 鲁晓军 . “村民环境自治”导向的村庄整治规划实践——以无锡市阳山镇朱村为例 [J]. 城市规划 , 2012.
[66] GALLENT N, JUNTTI M, KIDD S, et al. Introduction to rural planning: economies, communities and landscapes[M]. London: Routledg, 2008.
[67] 杨小波 . 农村生态学 [M]. 北京 : 中国农业出版社 , 2008.
[68] 比尔・莫利森 . 永续农业概论 [M]. 李晓明，李萍萍，译 . 镇江 : 江苏大学出版社 , 2014.
[69] MARS R, DUCKER M. The Basics Of Permaculture Design[J]. 2003.
[70] SELMAN P, BISHOP K, PHILLIPS A. Countryside planning: new approaches to management and conservation (2004) Earthscan,London 1-85383-849-7[J]. Journal of Rural Studies, 2006.
[71] 张蔚 . 国外生态村历史演进与整体设计研究 [D]. 天津 : 天津大学 , 2011.
[72] 陈利顶 , 李秀珍 , 傅伯杰 , 等 . 中国景观生态学发展历程与未来研究重点 [J]. 生态学报 , 2014.
[73] 井琪 . 周作人与新村主义 [J]. 中共石家庄市委党校学报 , 2006.
[74] 侯丽 . 理想社会与理想空间——探寻近代中国空想社会主义思想中的空间概念 [J]. 城市规划学刊 , 2010.
[75] 张仲威 . 中国农村规划 60 年 [M]. 北京 : 中国农业科学技术出版社 , 2012.
[76] 万建中 . 陕西省武功县前进第一农业生产合作社生产规划的研究 [J]. 西北农学院学报 , 1956.
[77] 王艳敏 , 谢子平 . 建设社会主义新农村的历史回顾与比较 [J]. 当代中国史研究 , 2006.
[78] 张运濂 . 为建设社会主义新农村献出一切 [J]. 中国金融 , 1958.
[79] 吴洛山 . 关于人民公社规划中几个问题的探讨 [J]. 建筑学报 , 1959.
[80] 侯丽 . 对计划经济体制下中国城镇化的历史新解读 [J]. 城市规划学刊 , 2010.
[81] 黄杰 . 集镇规划 [M]. 孝感 : 湖北科学技术出版社 , 1984.
[82] 杨贵庆 , 刘丽 . 农村社区单元构造理念及其规划实践——以浙江省安吉县皈山乡为例 [J]. 上海城市规划 , 2012.
[83] 费孝通 . 论中国小城镇的发展 [J]. 小城镇建设 , 1996.
[84] 费孝通 . 小城镇的发展在中国的社会意义 [J]. 瞭望周刊 , 1984.
[85] 张立 , 何莲 . 迁村并点实施的制约因素及若干延伸探讨——基于苏中地区的案例研究 [C]// 城乡治理与规划改革——2014 中国城市规划年会论文集 (14 小城镇与农村规划) . 中国建筑工业出版社 , 2014.
[86] 段进 揭明浩 . 空间研究 (4)——世界文化遗产宏村古村落空间解析 [M]. 南京 : 东南大学出版社 , 2009.
[87] 佚名 . 风水宝地——爨底下村 [J]. 小城镇建设 , 2015.
[88] 刘沛林 , 于海波 . 旅游开发中的古村落乡村性传承评价——以北京市门头沟区爨底下村为例 [J]. 地理科学 , 2012.
[89] 周新颜 , 杨玉平 , 李筑 . 体验生态博物馆——黔东南乡村旅游发展模式探析 [J]. 当代贵州 , 2008.
[90] 于富业 . 关于中国生态博物馆的初步研究——以贵州生态博物馆群和浙江安吉生态博物馆群为例 [D]. 南京 : 南京艺术学院 , 2014.
[91] 钟宝龙 . 对发展上海农业产业化经营的新思考 [J]. 上海综合经济 , 2002.
[92] 陈芳 , 冯革群 . 德国市民农园的历史发展及现代启示 [J]. 国际城市规划 , 2008.
[93] 温铁军 . 农业现代化应由二产化向三产化过渡 [J]. 中国农村科技 , 2013(6): 1.
[94] 王树进 , 张志娟 . 创意农业的发展思路及政策建议——以上海为例 [J]. 中国农学通报 , 2009(11): 7.

[95] 孙施文 . 现代城市规划理论 [M]. 北京 : 中国建筑工业出版社 , 2007.
[96] 乔路 , 李京生 . 论乡村规划中的村民意愿 [J]. 城市规划学刊 , 2015.
[97] 张尚武 . 乡村规划 : 特点与难点 [J]. 城市规划 , 2014(2): 5.
[98] 唐燕 , 赵文宁 , 顾朝林 . 我国乡村治理体系的形成及其对乡村规划的启示 [J]. 现代城市研究 , 2015.
[99] 戴帅 , 陆化普 , 程颖 . 上下结合的乡村规划模式研究 [J]. 规划师 , 2010.
[100] 张尚武 . 城镇化与规划体系转型——基于乡村视角的认识 [J]. 城市规划学刊 , 2013.
[101] 金兆森 . 新农村规划与村庄整治 [M]. 北京 : 中国建筑工业出版社 , 2010.
[102] 方明 , 邵爱云 . 新农村建设村庄治理研究 [M]. 北京 : 中国建筑工业出版社 , 2006.
[103] 杜江 , 向萍 . 关于乡村旅游可持续发展的思考 [J]. 旅游学刊 , 1999(1): 5.
[104] 王兵 . 从中外乡村旅游的现状对比看我国乡村旅游的未来 [J]. 旅游学刊 , 1999.
[105] 何景明 , 李立华 . 关于 " 乡村旅游 " 概念的探讨 [J]. 西南师范大学学报：人文社会科学版 , 2002, 28(5): 4.
[106] 吕军 , 张立明 . 中外乡村旅游研究的比较 [J]. 国土与自然资源研究 , 2005.
[107] 邹统钎 . 中国乡村旅游发展模式研究——成都农家乐与北京民俗村的比较与对策分析 [J]. 旅游学刊 , 2005.
[108] 刘德谦 . 关于乡村旅游、农业旅游与民俗旅游的几点辨析 [J]. 旅游学刊 , 2006.
[109] 张艳 , 张勇 . 乡村文化与乡村旅游开发 [J]. 经济地理 , 2007, 27(3): 4.
[110] 郭焕成 , 韩非 . 中国乡村旅游发展综述 [J]. 地理科学进展 , 2010.
[111] 尤海涛 , 马波 , 陈磊 . 乡村旅游的本质回归 : 乡村性的认知与保护 [J]. 中国人口 · 资源与环境 , 2012.
[112] 鲁强 . 当代建筑师的乡村建筑“在地性”策略研究 [D]. 厦门 : 厦门大学 , 2017.
[113] 琚飞凡 . 乡村现代建筑设计中的“在地性”研究 [D]. 开封 : 河南大学 , 2017.
[114] 汪睿 , 王彦辉 . 苏南村落空间形态的在地性研究 [J]. 现代城市研究 , 2019.
[115] 王恩琪 , 韩冬青 , 董亦楠 . 江苏镇江市村落物质空间形态的地貌关联解析 [J]. 城市规划 , 2016.
[116] 王云才 , 刘滨谊 . 论中国乡村景观及乡村景观规划 [J]. 中国园林 , 2003.
[117] 陈志华 . 村落 [M]. 北京 : 三联书店 , 2008.
[118] 刘传林 , 陈栋 , 王培 . 古村落空间格局在村庄规划中的延续 [J]. 小城镇建设 , 2010.
[119] 胡最 , 刘沛林 , 曹帅强 . 湖南省传统聚落景观基因的空间特征 [J]. 地理学报 , 2013.
[120] 韩冬青 . 在地建造如何成为问题 [J]. 新建筑 , 2014.
[121] 陈研然 . 乡村公共艺术的在地性探索——以休宁县黄村为例 [J]. 艺术与设计 (理论), 2019.
[122] 王鹏 , 张晓燕 , 宫婷 . 营造诗意栖居的“在地性”乡村建设研究 [J]. 艺术教育 , 2016.
[123] 杨和平 , 谭益民 , 车斐然 . 乡村建设实践中“在地性”的国内外研究 [J]. 林业科技情报 , 2020.

图书在版编目（CIP）数据

内生发展视角的乡村规划理论与实践 / 乔鑫，李京生著．—北京：中国建筑工业出版社，2022.10
ISBN 978-7-112-27529-8

Ⅰ．①内…　Ⅱ．①乔…　②李…　Ⅲ．①乡村规划－研究－中国　Ⅳ．① TU982.29

中国版本图书馆CIP数据核字（2022）第100744号

责任编辑：何　楠　徐　冉　刘　静
责任校对：董　楠

内生发展视角的乡村规划理论与实践
乔　鑫　李京生　著
*
中国建筑工业出版社出版、发行（北京海淀三里河路 9 号）
各地新华书店、建筑书店经销
北京海视强森文化传媒有限公司制版
北京中科印刷有限公司印刷
*
开本：787 毫米 × 1092 毫米　1/16　印张：13　插页：2　字数：243 千字
2022 年 10 月第一版　2022 年 10 月第一次印刷
定价：**78.00** 元
ISBN 978-7-112-27529-8
（39695）

版权所有　翻印必究
如有印装质量问题，可寄本社图书出版中心退换
（邮政编码 100037）